Japanese Silk Story

日本の蚕糸のものがたり

大日本蚕糸会会頭
髙木 賢◎編著

横浜開港後150年
波乱万丈の歴史

大成出版社

はじめに

2014（平成26）年6月21日、「富岡製糸場と絹産業遺産群」は、ドーハで開かれたユネスコの世界遺産登録委員会で、世界文化遺産に登録することが決定されました。決定の前から大勢の方が富岡製糸場などを訪れ、富岡製糸場などが日本の近代化に果たした役割に注目し、再評価しています。蚕糸関係者としては、大変うれしく、ありがたいことです。

しかし、日本の蚕糸業がその後どうなったのか、どうして今のように衰退したのか、というところまでは十分ご理解いただいていないような気がします。その責任は、私ども蚕糸関係者にもあります。それぞれの時代のある特定の分野についての著作物はありますが、開国以後の近代の日本の蚕糸業の歴史――「通史」ともいうべきもの――を全体としてバランスよく提示してきたとは言えないからです。

筆者は、かつて農林水産省で蚕糸担当課長・局長の職に就いたことがあり、現在は一般財団法人大日本蚕糸会という蚕糸業の振興を目的とする団体の代表者の職にある者です。「富岡製糸場と絹産業遺産群」が世界遺産に登録され、日本の絹に関心が向けられているこの絶好の機会に、あらためて、皆さんに、日本の蚕糸業がたどった軌跡と日本の近代化に果たしたその役割を振り返っていただくとともに、衰退したとはいえ、現に営まれている日本の蚕糸業を応援していただくことは非常に大事なことと考えています。

そのような気持ちから、150年にも及ぶ日本の蚕糸業の波乱万丈のものがたりにチャレンジしてみたのが、本書です。学術論文ではなく、大きな流れを書いた「ものがたり」ですので、気楽に読んでいただければ幸いです。

本書を書くにあたっては、先学の東京大学名誉教授石井寛治氏、大阪商業大学教授滝澤秀樹氏、富岡製糸場総合研究センター所長今井幹夫氏、一般財団法人シルクセンター国際貿易観光会館シルク博物館専門員小泉勝夫氏、信州大学名誉教授嶋崎昭典氏、畏友竹内壮一氏の著作・教示に負うところが大きく、ここに記して、感謝申し上げます。また、中央蚕糸協会の田中誠氏、大日本蚕糸会の武居正和氏には、資料や写真の収集などで大変お世話になりました。ここに記して、御礼申し上げます。

平成26年6月25日

世界文化遺産として「登録」が行われた日に

一般財団法人　大日本蚕糸会

会頭理事　髙木　賢

目次

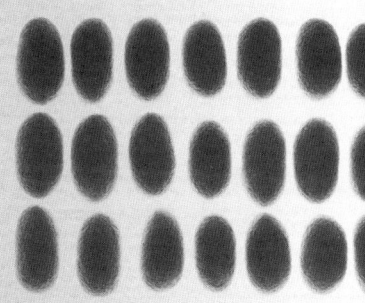

序

養蚕の歴史は古い

蚕は、その昔 ――弥生時代といわれています―― 中国から入ってきましたが、それが正確にいつのことなのかは定かではありません。文献に現れるのは、邪馬台国がどこにあったかという論争で知られている「魏志倭人伝」（3世紀末に書かれた）に、「蚕桑」という言葉が出てくるのが最初と思われます。

また、日本書紀の雄略紀には、雄略天皇がお妃に蚕を飼わせ、蚕業を振興しようとした旨の記述があります。今日皇后陛下が蚕を飼われていることの端緒がここにあるようです。魏志倭人伝に書かれた時代は2世紀ないし3世紀のことですが、雄略天皇のことは5世紀のことです。もちろん文献に載らない以前から当然実態として養蚕は行われていたと思いますが、文献からみても2000年近い歴史があるといえましょう。

その後も、蚕を飼って糸をとり、絹織物にしていくという蚕糸業は、日本人の生活の中で定着し、発展し続けました。

大化の改新後にとられた律令制の下では、税金として賦課する租・庸・調のうち、調の一つとして絹織物が定められ、実際に貢納されました。一方、官人に対する給与の一部として、絹織物が現物支給されていました。絹が社会の重要産品として扱われていたことが分かります。

平安時代においては、貴族、女官によって絹織物が愛用されましたが、その様子は、源氏物語や枕草子にきらびやかに描かれています。

武士の世の中になると、質素を旨とすることになり、絹の利用は減少し、養蚕も一時衰退したといわれています。しかし、室町時代・安土桃山時代になると、今日まで伝わる茶の湯や能などの文化が勃興し、隆盛となり、これに伴って袱紗《ふくさ》や衣装などに絹が使われるようになって、絹の需要は増大しました。秀吉も絹の衣服を身に着けていたといわれています。

江戸時代は、当初倹約思想が強く、例えば農民には絹の着用を禁止するなどの措置をとっていました。また、米生産優先で、田を桑畑に転換することは厳禁とされていました。町人に対しては、少し緩やかだったようで、井原西鶴や近松門左衛門の作品には絹が登場してきます。

江戸時代の養蚕（「養蚕秘録」より）

幕府による参勤交代の命令や土木工事の請け負わせ

により、諸藩は窮乏していきました。このため、上杉鷹山の米沢藩が有名ですが、各藩は、財政立て直しのため、藩内の産業振興に取り組まざるを得なくなりました。その中で、絹は、各藩が積極的に取り組んだものの一つでした。全国各地に新たな絹織物産地が生まれました。今日まで伝わる、浜縮緬《はまちりめん》、結城紬《ゆうきつむぎ》などという地名を付けた織物の多くは、この時にできたのです。

こういう状況のもとで、幕末を迎えます。しかし、それまでの比較的穏やかな動きとは打って変わって、開国後は世界市場と直結することになり、激しい世界の動きの渦に日本の蚕糸業は巻き込まれていきます。開国後の150年ほど蚕糸業が波乱万丈の変化を遂げた時はなかったでしょう。以下は、そのものがたりです。

江戸時代の製糸（揚げ返し）
（「養蚕秘録」より）

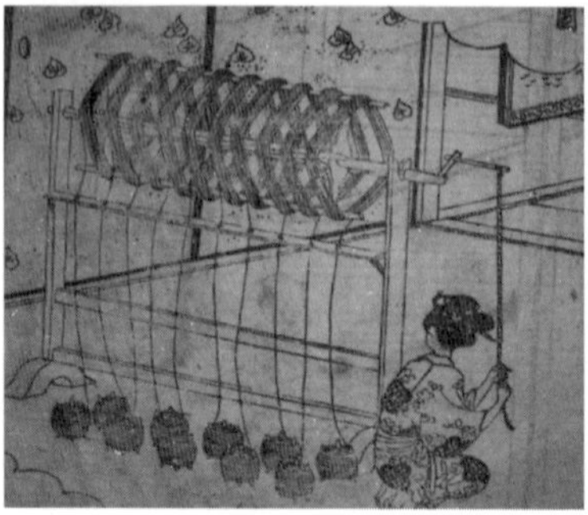

column

「神話」における蚕の登場

蚕は、神話の世界にも登場しています。

「古事記」によれば、あるとき、スサノオノミコトが食物の神であるオオゲツヒメノカミに食物を求めたところ、オオゲツヒメノカミは鼻、口、尻から食物を差し出しましたが、汚して差し出されたと思い、オオゲツヒメノカミを殺してしまいました。そのとき、オオゲツヒメノカミの死体からいろいろなもの、すなわち、頭からは蚕、眼からは稲、耳からは粟、鼻からは小豆がそれぞれ生じたとのことです。

また、「日本書紀」には、蚕の起源に関し、2つの話が載っています。

1つは、イザナミノミコトが火の神カグツチに焼かれて死ぬ前に土の神ハニヤマヒメを出産、その後カグツチとハニヤマヒメが結婚しワクムスヒが生まれましたが、この神の頭の上に蚕と桑が生じたということです。

もう一つは、古事記の話と似ています。ツクヨミノミコトがウケモチノカミのところへ来た時、ウケモチノカミは口から飯や魚を出してもてなしたところ、ツクヨミノミコトは、口から吐き出したものでもてなされたと怒り、ウケモチノカミを殺してしまいました。そのとき、ウケモチノカミの頂《いただき》から牛馬、額の上から粟、眉の上には繭、腹の中から稲が生じたというものです。

神話において、蚕が稲、粟などという重要な農作物と同じように生じたとされていることは、その発生起源の古さとともに、農作物として重要な位置付けを与えられていたことを物語るものといえましょう。

幕末における横浜開港と生糸貿易のスタート

横浜開港

近代における蚕糸業の発展のエポックを画したのは、なんといっても横浜開港です。アメリカの東インド艦隊司令官ペリーが1853（嘉永6）年に日本に来て、いわゆる砲艦外交により強引に開国を求め、翌年日米和親条約が結ばれるに至りました。その後アメリカからはさらに通商関係の樹立も求められ、ついに1858（安政5）年、日米修好通商条約が結ばれて、1859（安政6）年の新暦で7月1日、横浜開港（他に箱館（当時の表記による）港と長崎港が開港）ということになったのです。条約締結を進めた井伊大老が桜田門外で暗殺されたのはその年の3月のことでした。開港によって、綿織物など外国産品はどんどん入ってきます。もともと外国は、自国産品を売り込むために開港を求めたわけですから外国から入ってくるのは当然です。しかし、入ってくるだけでは収支がアンバランスになりますから、日本からも輸出しなくてはいけませんが、輸出品として最も重要と目されたのが生糸でした。このときから日本の生糸の輸出の歴史が始まったのです。輸出が多かった品目の２番目が蚕の卵である蚕種、３番目がお茶であったことが記録に残っています。当時機械を使った工業は日本ではほとんど発達していませんでした。日本の生糸の製造方法は、１人で糸をひき、糸枠に巻き取るという人力による座《ざ》繰《ぐ》りという方法によるものでした。

幸運だった
輸出環境

その当時の養蚕・製糸をめぐる状況は、日本には大変好都合で、生糸輸出に関する環境は非常に恵まれていたといえます。当時の蚕糸業の先進国は、フランス、イタリアでしたが、微粒子病という蚕の病気が大流行して繭の生産量が激減していました。病気の流行の前から比べると、７割減って３割になってしまったとのことです。蚕の卵である蚕種も病を背負っているのではないかということで廃棄処分にされてしまい、フランスやイタリアは蚕の生産維持に大変頭を悩ませていたのです。フランスの皇帝であったナポレオン３世が、徳川14代将軍家茂に対し、日本の蚕種を送ってくれと要請したくらいです。将軍家茂が蚕種を送ったら、ナポレオン３世はお礼に馬を26頭送ってくれたそうです。

　また、当時生糸の大輸出国であった清、この国は、イギリスとのアヘン戦争における敗北や太平天国の乱という一種の新興宗教の宗徒による反乱があって、蚕糸関係の生産体制や生糸の積出港であった上海が混乱し、輸出する力が弱くなっていました。このように日本が生糸輸出をするのにたいへん好都合な状況だったのです。

生糸貿易の方法

当時どういうふうに生糸の取引が行われたかというと、生糸を買うのは外国ですが、取引の場所は通商条約により開港したところに設けられた「外国人居留地」にある外国商館でした。これが生糸を買い付ける側の主体です。外国人は居留地の外には出られなかったので、生糸を買う相手として、横浜に日本人の売込問屋といわれるものができました。この売込問屋が、全国から生糸を横浜に買い集めて、それを外国商館に売る主体となりました。こういう仕組みは、「居留地貿易」といわれました。

売込問屋の出身地はまちまちでしたが、例えば上州では中居屋重兵衛とか、武州では原善三郎などという人が有名です。そういう人たちが横浜に商売の拠点をつくって生糸を集め、外国商館に売って財をなしたと伝えられています。輸出環境はよく、生糸の値段も国内の2倍以上で売れたので、売込問屋は大きな利益を得たのです。

一方、値段が上がって困るのは国内で生糸を使って織物にする業者や国内の絹織物の消費者です。このため、幕府は、外国に売るために横浜に生糸が集まってしまって国内で生糸が欲しい人のところに流通しないことがないよう、生糸など5品目については、江戸を通ったものしか輸出してはいけない、という「五品江戸廻送令」という命令を出し、産地から横浜へ直売することを禁止しました。しかし、値段が高いところへ荷が集まるのは当然のことで、高値の魅力でとにかく輸出に回すのが優先だということで、国内向けの絹織物の原料としての生糸の出回り量は少なくなり、生糸は輸出に特化した産品になっていったのです。

開港の3年後、つまり1862（文久2）年には、生糸の輸出量は、開港した1859（安政6）年の6倍にもなったということが記録されています。ただし、その後は、生産が追い付かず、明治の初期に至るまで基本的に横ばい状態が続きました。

横浜英吉利西商館繁栄之図（シルク博物館所蔵）

明治維新と その後の 生糸輸出

明治維新の意義

明治維新がどういう性格の変革であったのかは、戦前から論争のあるところです。筆者は、折からのヨーロッパ列強の接近に対し、清のようにその餌食になるのはごめんだ、とにかく統一国家をつくり、ヨーロッパの文明を取り入れて、独立を維持するのだ、という道を選択したのが明治維新であったと考えています。要するに日本の当時の人たちは、清のように独立が侵されてはいけないと強く思っていたのです。

明治維新の20年以上前、1840（天保11）年、アヘン戦争が勃発し、イギリスから攻撃を受けて、清の一部が植民地にされてしまうということが起こりました。幕末の長州で奇兵隊をつくって大活躍をした高杉晋作という人がいますが、この人が上海にたまたま行く機会があり、その時の記録の中で、「シナ人ことごとく外国人の使役に服し、外国人歩行すれば避けて道を譲る」という観察をしています。独立を失う、植民地化されるとこういう惨めなことになってしまう、それは断固として避けるべきであるということで明治維新に進んだというのが当時の選択であったと思われます。

富国強兵・殖産興業と生糸輸出の重要性

独立を維持していくためには、何の方策もなしでというわけにはいきません。国の富を増やし、強い軍隊を持つという「富国強兵」、そしてそのためには財産を殖やし産業を興すという「殖産興業」、とにかく経済的実力をつけなければいけないということが明治政府の大方針でした。しかし、資本蓄積はゼロで、近代工業は全く存在していません。近代工業をつくり出すためには、海外の機械、設備などを導入しなければなりませんが、そのためには外貨が必要でした。しかし、現在のように、アジア開発銀行とか、世界銀行とか、そういう援助機関はありません。また、どこか特定の国から金を借りるとそれに縛られてその属国になりかねないということで、外貨を獲得するためには日本で生産できるものの輸出を増やす以外に方法がなかったのでした。

明治維新後においても、幕末同様、輸出品として最も有力であったのが生糸でした。農家の家内工業ともいうべき座繰りの生糸でしたが、生糸が輸出品目の第1位に位置付けられたのです。第2位は、お茶でした。第3位は、現代からみると思いがけないもので、石炭でした。これも工業製品ではなく、日本の国内に存在するものを掘るということだけなので外貨を稼ぐものの一つになったのです。石炭は明治の終わりごろになると輸出は不振になってしまうのですが、明治初期のころは石炭も有力な輸出品でした。

そして、やや後の明治20年ころからは、綿糸、綿織物、これらも高度の資本蓄積がなくても取り組めるものですから、徐々に盛んになっていき、輸出品として生糸に次ぐ地位を占めるようになっていきます。

しかし、綿織物を作るには、機械はイギリスなどから、原料の綿花はインドなどから、それぞれ輸入しなければなりませんし、そのためには外貨を使わなければなりませんでした。したがって、綿織物を輸出して外貨を獲得しても、原料などの輸入のために外貨を使うので、外貨の純増への寄与は大きくありません。

それに対して、生糸は蚕が作った繭から作りますが、桑から繭までオール国産ですから、国内で生産した生糸を輸出すると100%まるまる外貨を稼ぐということになります。だから、外貨獲得の重点品目は生糸ということになったのです。

また、外貨獲得以前に、国の財政そのものが成り立たなくてはなりません。国の収入の安定的な確保を図るため、1873（明治6）年、土地の所有者を明確にするとともに、土地所有に対し課税する「地租」の制度がつくられ、税収の確保策が講じられました。

明治初期の蚕糸政策

生糸の輸出を増加させるためには、原料である繭を増産しなければなりません。江戸時代は、米作り、田んぼ優先だったのですが、1871（明治4）年、「田畑勝手作」が許され、作物を自由に作れることになりました。米から繭へ、田から桑畑への転換が認められたのです。

明治政府が、初期のころ、特に頭を痛めたのが生糸の粗悪品対策です。外国に売れば国内で売るよりずっと高く売れる、外国は強く日本の生糸を求めているということにつけ込んで、粗悪品が相当出回りました。切れている糸をつながないまま巻き取って荷造りをしたり、外から見える部分だけいい糸を巻いておき見えないところには悪い糸を巻いておくとか、悪質なものが相当ありました。これでは日本の生糸の信用を失うということで、これを取り締まることについて力が注がれました。

1873（明治6）年には「生糸製造取締規則」を制定し、生糸の荷ごとに印紙をはりつけて、その印紙に製造者の住所氏名を書かせることを義務付け、悪い糸を流通させると名前を公表するという手段をとりました。また、横浜と主要地方に設立された「生糸改会社」に生糸商すべてを加入させるとともに生糸の売買にあたっては、地方改会社の検査を受けることを義務付け、さらに輸出生糸には、横浜の改会社の検査を受けることを義務付けて、粗悪品を排除したのでした。

生糸輸出への本格的取組みの開始

官営富岡製糸場の設立

日本の蚕糸業の課題は一貫して生糸の品質の向上問題であったと言っても言い過ぎではないと思います。そして、日本の生糸の品質向上対策の切り札として選択された方策が、先般世界遺産に登録された「富岡製糸場と絹産業遺産群」の中核的存在である、官営模範工場としての富岡製糸場の設立でした。これは単に粗悪品の防止ということにとどまらず、ヨーロッパの生糸市場で経糸《たていと》として通用する品質の高い生糸を生産するため、最新の機械・技術を外国から導入するとともに、その最新の機械・技術を備えた工場を模範工場として位置付け、その技術を日本の各地に普及することを狙ったものでした。座繰《ざぐ》り製糸では、農家ごとに蚕の品種や座繰りのやり方が違い、かつ、1農家の生産量は少ないため、そもそも品質が均一なものでまとまった一定の分量を揃えるということが難しいのです。織物業者からみれば、節《ふし》があること、糸が切れやすいこと、糸にむらがあることは大敵です。節《ふし》や切れやすさは織る上での障害そのものですし、むらというのは太いところがあったり、細いところがあったりして糸の太さが一定しないことですが、糸にそのようなむらがあると、織物になった時や染めた時に均質性を欠き、美しくない織物になってしまうので、糸の評価は低くなります。特に重要なのが経糸《たていと》にする糸です。織物は経糸と緯糸《よこいと》を組み合わせて作るのですが、経糸としては、長さ10メートル以上の糸が必要になり、最も品質が重視される部分です。ここに節やむらなどの欠陥があると織物になったときの出来がかなり悪くなるので、節やむらなどの欠陥がある糸は、経糸としては不適格で、値段は安いということになります。

上州富岡製糸場之図（富岡市立美術博物館・福沢一郎記念美術館所蔵）

官営富岡製糸場の設立は、生産能率を上げるという側面も当然あるのですが、同時に、日本の技術水準を、品質のいい生糸を大量に作れるレベルに向上させるべきということが大きな動機になったわけです。明治の大物、渋沢栄一は富岡製糸場開設に大いに寄与したのですが、渋沢栄一が考えていたのは、経糸《たていと》として売れる糸を作れる工場を造る必要があるということで、次のように語っていました。

「其の頃我国から輸出した生糸は伊太利《イタリア》でできる様な精良の生糸ではなかった。総て皆座繰取《ざぐりどり》であって、欧羅巴《ヨーロッパ》の機械取はない。故に「デニール」の揃わぬ生糸（筆者注：「デニール」は糸の太さの単位のことで、それが揃わないということは、太さが一定していない生糸ということです。）のみであるから需要地に於て僅かに緯糸《よこいと》として消費せらるるに過ぎない。之では一国の重要輸出品として其の販路を拡張する訳にはいかぬから、是非伊仏のやうに器械製糸に改めて以て経糸として立派の生糸を産出する様にしなければならぬと云ふので、先ず富岡製糸場を設立する事になり、之が設計監督の任には悉皆余が当たったのである。」（「渋沢栄一伝記資料」2より。原文の表記のまま）

渋沢 栄一

当時は、民間に資本の蓄積がありませんから、民

間に近代的な工場の建設を期待することはできません。政府の信用で必要な金を調達し、それをもとに模範的な官営工場をつくって産業振興の先駆けとするという方式が行われることになったのです。

富岡製糸場の意義

富岡製糸場は、当時の世界の最先端を行く工場でした。政府に雇われたフランス人ポール・ブリューナーの構想のもとに、300釜（釜とは、糸を引き出すための一定量の繭を煮つつためておく容器。1人の工女が受け持つ生産単位でもある。）のフランス式繰糸器械が導入され、繰糸

ポール・ブリューナー（後列右から2人目）とフランス人指導者たち（資料提供 富岡市・富岡製糸場）

場が建設されるとともに、それに見合う原料の繭を格納する長さ100メートル以上の大きな倉庫2棟、ブリューナーの家族やフランス人教師たちの住宅などが建設されました。また、富岡製糸場は、ただ工場の施設が大きいというだけのものではありません。動力に蒸気力を用いていること、繰糸する工女の労働時間、休日、賃金体系などを明確にしていること、などそれまでの日本にはなかった近代的工場としての条件を備えたものであったのです。その意味では、生糸生産に限らず、工業生産全般に関する模範工場でもあったといえましょう。

なお、立地場所として富岡が選ばれたのは、①富岡や周辺地域が古くからの養蚕地域で原料繭の確保ができたこと、②動力源である石炭が近くの高崎から調達できたこと、③近くを流れる鏑川《かぶらがわ》から多量の水の確保ができたこと、④広い敷地が確保できたこと、によるものと考えられています。

富岡製糸場で作られた生糸は外国において高く評価されました。操業開始の翌年、早速ウィーンで開かれた万国博覧会に富岡製糸場の生糸を出品したところ、準優勝ともいうべき「進歩賞牌」が授与されたのです。また、富岡製糸場で繰糸技術を学んだ工女は、全国各地の製糸工場で繰糸技術の先生になりました。1907（明治40）年に富岡製糸場の工女時代の思い出を記した「富岡日記」の著作者・和田（旧姓横田）英《えい》は、その典型的な人です。彼女は、当初から繰糸技術の先生になるという目的を持って富岡に来たのですが、しっかり繰糸技術を学び、一等工女になりました。

そして、1年3か月の修練期間を終え、故郷の長野県松代に帰ってからは、隣村にできた西条製糸場（後の六工社）で繰糸技術の指導者として活躍しました。そのような富岡で繰糸技術を学んで全国各地に散らばって指導者となった女性は多数存在しています。また、明治初期に製糸工場を設立した人の中には、自分の妻や娘を富岡製糸場の工女にして繰糸技術を学ばせ、自分の工場の中核的指導者にしたという人もいました。

和田 英

このように、富岡製糸場が日本の製糸技術の発展と普及に果たした役割は、非常に大きなものがありました。

なお、絹関係の官営工場としては、1876（明治9）年、群馬県多野郡新町（現高崎市）に「屑糸紡績所」が設立され、屑糸を活用して織物を作る工場もできました。屑糸とは、繭の外層を包む「毛羽《けば》」や繰糸後の残繭からサナギなどを除いた「びす」といわれるものなどのことで、屑糸紡績所では、これらを短繊維原料として紡ぎ、収入を得たのです。

その他の絹産業遺産群の意義

世界文化遺産として登録された「富岡製糸場と絹産業遺産群」と密接な関係があることですが、民間においても、篤志家が現われました。当時、蚕は「運の虫」といわれ、毎年の出来不出来は運次第と考えられていました。しかし、常にいい繭ができるようにするために技術改良に取り組んだ人たちがいたのです。「清涼育《せいりょういく》」の田島弥平と「清温育《せいおんいく》」の高山長五郎はその代表的な人たちでした。

「清涼育」というのは、蚕も清涼な環境の方がよく育つという考えのもとに、通風を重視し、蚕室の屋根の真ん中にさらに換気用の越屋根《こしやね》というものを取り付け、その開閉によって空気の流入（通風）を調節して適温を保ちながら蚕を飼う方式です。田島弥平が1863（文久3）年に、現在の伊勢崎市島村に建てた母屋兼蚕室が、「富岡製糸場と絹産業遺産群」の一つとして登録された「田島弥平旧宅」です。

田島弥平は、「清涼育」について「養蚕新論」という本を書き、その普及を図りました。また、田島弥平旧宅のような養蚕農家の建築様

田島弥平旧宅（群馬県提供）

式は、全国の養蚕農家に広く普及していきました。明治初期、旧庄内藩の士族が、開墾して桑を植え、蚕を飼ったという山形県の「松ヶ岡開墾場」においても、その蚕室については、田島弥平式の建築様式が採用されています。

「清温育《せいおんいく》」は、通風のための屋根の装置だけでなく、低温の時の加温装置としての囲炉裏を組み込んだ蚕室を使って、気温や湿度の変化に対応した環境をつくりながら蚕を飼う方式です。高山長五郎はこれを日本全体に広めるため、1884（明治17）年、養蚕学校ともいうべき「高山社」をつくり、各地に教室を建てて養蚕農家に対する教育を進めました。その基幹的な教室だったのが、1891（明治24）年に現在の藤岡市高山に建てられ、「富岡製糸場と絹産業遺産群」の一つとして登録された「高山社跡」です。高山社の生徒は、日本全国はもちろん、清、台湾などからもやってきたといわれています。清温育は全国に普及し、標準的な養蚕方法となっていき、高山社は養蚕の総本山といわれるまでになったのでした。

また、輸出が伸び生糸を大量生産しなければならない必要性が高まると、原料である繭の生産量を増やす工夫も必要になります。桑畑を増や

高山社跡（群馬県提供）

荒船風穴（群馬県提供）

すのも有力な方法ですが、もう一つの方法が蚕をそれまでのように１年のうち春の時期に１回飼うだけでなく、夏や秋にも蚕を飼い、１年間の繭の総生産量を増やすようにすることです。そのためには、蚕種を夏の暑さで孵化しないよう冷涼な場所で保存しておく必要があります。冷蔵庫のない当時としては、冷たい風が吹き出す風穴が活用されたのです。それらの風穴のうちの代表的なものが「富岡製糸場と絹産業遺産群」の一つとして登録された、現在の下仁田町にある「荒船風穴」です。同町の住人であった庭屋静太郎・千壽父子は、自宅からそう遠くないところに冷気が吹き出す場所があることを知り、これを蚕種の貯蔵に使えないかと専門家と相談のうえ、風穴を建設したと伝えられています。「荒船風穴」は、電気冷蔵庫が普及した1935（昭和10）年ころまで使われました。蚕種の保存とともに、保存された蚕種をいつでも孵化させることができる人工孵化技術があわせて必要になりましたが、これも開発され、蚕の飼育量と繭の生産量の増大に寄与しました。

蚕糸関係行政機関の設立

行政機関としては、1881（明治14）年になって、農商務省ができます。それまでは大蔵省と内務省しかなく、内務省が農業振興などを担当していたのですが、ようやく農業、商業の振興を専門に担当する役所ができたのです。また、民間の力を活用するという意味で、1885（明治18）年、「蚕糸業組合準則」がつくられました。今の農協のはしりみたいなものですが、農家が組合をつくり、病気を防ぐとかの技術を共同で学ぶことを中心的事業とした蚕糸業組合というものの設立が奨励されるようになったのです。

1886（明治19）年、農商務省の中では、「蚕茶課」という専門の担当課ができました。さらには、同年、蚕糸試験場という試験研究機関ができました。もともと、1884（明治17）年に蚕病試験場ということで、蚕の微粒子病などの病気の対策のために造られていたのですが、それが蚕糸全体の試験研究機関としての蚕糸試験場ということになったのです。

技術の普及対策の推進

大日本蚕糸会の設立

1892（明治25）年、蚕糸に関する全国団体として、大日本蚕糸会が設立されました。全国的な技術改良を指導する団体としてできたのです。学術に長じた人だけでなく、養蚕農家など実業に従事する人などを会員としました。事業内容は、大きく4つで、第1は、会報の発行です。技術情報の発信などを行いました。第2は、技術指導です。農家からこういうときはどうしたらいいのかという技術的質問に答えたり、各地に巡回指導に行きました。第3は、品評会の開催です。繭や生糸の品評会を行い、いい繭や生糸とはどういうものかを眼の前に明らかにして、生産者に対し、ものづくりの目標を提示したのです。第4は、功労者表彰です。蚕糸業の発展に寄与した方を表彰することによって関係者のやる気を引き出すという目的で1903（明治36）年から始まったもので、例えば、富岡製糸場の設立に尽力した渋沢栄一、富岡製糸場の指導者のポール・ブリューナー、初代富岡製糸場長の尾高惇忠《じゅんちゅう》、アメリカへの輸出の先鞭をつけた新井領一郎、養蚕指導に力を尽くした田島弥平、高山社をつくった高山長五郎、片倉製糸を興した片倉兼太郎などの各氏に蚕糸功績賞が授与されています。

なお、大日本蚕糸会の会員は、設立当初は約600人でしたが、10年後の1901（明治34）年には、約6,600人へと大幅に増加しました。

このころの全国的な蚕糸業の規模を見ると、1892（明治25）年において、養蚕農家数は統計をとっていなかったため不明ですが、桑園面積が25.5万ヘクタール、収繭量が5.6万トンとなっています。また、生糸生産量は、7.5万俵（1俵は60キログラム）、うち輸出されたのは5.4万俵でした。

器械製糸の進展

富岡製糸場で繰糸技術を学んだ工女たちは、全国の製糸工場にちらばって繰糸技術を伝達していきましたが、器械製糸が一気に進んだというわけではありませんでした。全国的に見ると、明治10年代から器械製糸場が各地に設立されていきますが、農家の副業という意味合いの座《ざ》繰《ぐ》りも根強く残って、器械製糸の進展に時間がかかったのです。それでも、徐々に進展し、全体としての生産量が増加していく中で、器械製糸の占める割合は高くなっていきました。

注目されるのは、長野県における器械製糸の進展です。1879（明治12）年、10釜以上の器械製糸場の数は、全国で655でしたが、その54%にあたる358工場は長野県内の工場で、特に諏訪地方がその中心地でした。長野県における器械製糸の発展は、1875（明治8）年、現在の岡谷市にできた中山社がその基礎を築いたものといわれています。中山社は、ヨーロッパの二大製糸技術であるフランス式（富岡製糸場などで使われていた）とイタリア式（小野組の上諏訪の深山田製糸場などで使われていた）の両方について深く研究し、両者の長所を取り入れて、後に「諏訪型製糸」あるいは「信州型製糸」といわれるようになった独自の製糸方法の基礎をつくったのでした。後に日本一の製糸企業となる片倉製糸も、現在の岡谷市で1878（明治11）年、片倉兼太郎によって設立された「垣外製糸」として産声を上げたのでした。後に片倉製糸の社長になった今井五介に、ある人が「諏訪になぜ製糸が栄えたか」と問うたところ、「貧しかったからだ。食べられなかったからだ。」と答えたと伝えられています。諏訪の地は、四方を山に囲まれた高地で、中央には諏訪湖があるため、耕地が狭く、地味が悪いなど農業条件がよくない土地柄であったことが、かえって製糸に活路を見出す原動力になったのだと今井は言いたかったのでしょう。

「諏訪型製糸」の普及などによって、1894（明治27）年には、器械製糸の生産量がついに生産量全体の過半（総生産量8.1万俵のうち器械製糸によるものが4.6万俵）に達しました。 ▶図1参照

また、官営の富岡製糸場は、官営工場としての役割を終え、1893（明治26）年、三井家に払い下げられました。

器械製糸が伸びた背景には、生糸の輸出に携わっていた売込問屋の金融措置がありました。繭は季節的農産物なので、製糸業者は農家から繭を一度に購入して代金を支払う必要がある一方、生糸として売れて実際に代金が入ってくるのはかなり後になってから、という資金サイクルの中で事業を行っています。そこで、繭の買い付け資金はほとんど借入金に依存していたのです。その資金を供給したのが売込問屋でした。売込問屋からの融資があって製糸業は発展することができたのでした。そして、売込問屋の背後にいて、彼らに資金の供給をしたのは、日本銀行、横浜正金銀行など政府の息がかかった金融機関でした。生糸輸出、生糸生

図1　器械製糸と座繰製糸の生産量

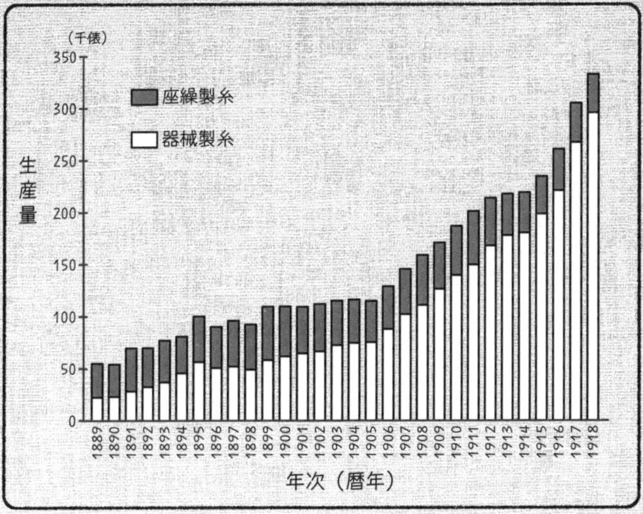

農林省累年統計表より作成
注）玉糸を除外

産の増加が、明治政府による政策的テコ入れの下に推進されていたことが分かります。

なお、器械製糸が伸びていく一方で、組合製糸という形のものも出現しました。これは、農家が自分で作った繭を原料として座繰《ざぐ》りで糸にしたものを組合が集荷し、組合として、共同揚返し場で揚げ返した上で、厳密な検査を行い、品質別に仕分けることによって、ひとまとまりの生糸の品質の均一性を確保しようとしたのです。品質の均一性を確保したことにより、輸出品の一翼を担うことになりました。組合製糸の代表的なものが、群馬の南三社といわれた、碓氷社、甘楽社、下仁田社でした。

生糸輸出の拡大

生糸の輸出市場の動き

ここで、生糸輸出の動きについて、まとめて述べてみます。

生糸の輸出先がどこであったかというと、開港から明治の初めまでは、蚕糸国であるフランス、イタリアでした。当時、フランスは世界一の絹消費国だったのです。

どうやってそこへ運んでいたかというと、日本から生糸輸送船がケープタウンを通って、ロンドンまで行き、ロンドンから荷が分かれてフランス、イタリアへというふうに運ばれていたのです。当時の統計を見るとイギリスがとても多く輸入しているように見えますが、これはロンドンが貨物の経由地としていったんそこに輸入された形となったためで、実際にたくさん生糸を使っていたのはフランス、イタリアでした。1869（明治2）年、明治維新の直後にスエズ運河が開通し、それ以後生糸輸送船はスエズ運河を通り、地中海を通って、フランスのマルセイユに直行ということになりました。

一方、アメリカの国内戦争であった南北戦争が1865（慶応元）年に終わり、いよいよアメリカの発展時代が始まりました。そうなると、アメリカの生糸需要が増え、アメリカが有力な市場になるのではないかと考えられたのです。特にアメリカは、自国の絹織物産業の保護発展を図るため、輸入織物に対し、極めて高い関税を課しました。その一方で、織物の原料である糸には関税を課さなかったのです。これは、日本の生糸輸出にとって好都合でした。このような状況を踏まえ、群馬県の桐生近くの水沼にあった水沼製糸所の星野長太郎・新井領一郎兄弟は、売込問屋・外国商館のラインを通さずに直接アメリカに輸出しようということを企て、新井が渡米しました。メーカーが直接輸出することを、直輸出《じきゆしゅつ》といいますが、そのはしりとなったのが、新井の行動でした。1876（明治9）年、見本品を持って渡米、生糸400斤（240キログラム）の注文を受けたという記録が残っています。なお、当時嫁いで群馬県にいた吉田松陰の妹寿《ひさ》は、松陰の夢であった太平洋を渡ることとなる新井に対し、兄の魂が込められているという形見の短刀を渡したとのことです。

生糸のアメリカへの輸出の背景にある重要な条件としては、南北戦争が終わって、1869（明治2）年にアメリカの西海岸・サンフランシスコから東海岸・ニューヨークを結ぶ大陸横断鉄道が開通したことがあげられます。アメリカはもともとイギリスの植民地から始まっていますから、東海岸に企業や人が多く、そちらに生糸の需要の多くがあるわけですので、大陸横断鉄道ができたというのは日本の生糸輸出にとって非常に好い条件ができたということになります。

生糸輸出にも使われた「氷川丸」

同時期に、サンフランシスコ・横浜間に航路が開かれ、日米両国間に貨物が円滑に運ばれる体制ができました。ちなみにパナマ運河はずっと遅く、開設は1914（大正3）年で、それからは東海岸へ船で直行になりますが、それまでの50年間くらいは鉄道で貨物列車が西海岸から東海岸まで生糸を運んでいたのです。その当時は生糸運搬専門の貨物列車も走っていたそうで、「シルク列車」と呼ばれていたそうです。シルク列車はものすごい勢いで走った、旅客列車を追い越して走ることが認められていたという記録も残されています。

アメリカにおいても、外国から生糸を輸入しないで自ら桑を植え、蚕を飼って生糸を作るという動きもあったようですが、アメリカはすでに先進国で日本よりはるかに賃金水準が高いため採算がとれず、結局、糸は輸入し、輸入した糸で織物を織るという形での織物業に特化していったという経過をたどっています。

アメリカ市場の意義

アメリカ市場では新井領一郎などの活躍によってだんだん日本糸のシェアが増大していき、日本の輸出市場の大半を占めるようになりました。1884（明治17）年には、日本の生糸の輸出先の半分以上の50.5%を占めるようになり、以後ずっと50%台が続いて、1890（明治23）年に66%に、その後ちょっと下がりますが、日露戦争のころの1905（明治38）年には74%になります。そして、第1次世界大戦後の1920（大正9）年ころにはついに80%以上がアメリカということになり、生糸輸出はアメリカ市場に特化していったわけです。その他の輸出先国の中では、フランスが第2位でした。

▶図2参照

一方、アメリカの側からみた場合、どこの国からの輸入が多かったかというと、第1位の輸入先はずっと日本で、1890（明治23）年ころから、50%ぐらいのシェアが続きます。2位が清、3位がイタリアでした。第1次世界大戦直前の1913（大正2）年には、日本のシェアは70%の大台に乗りました。清は、大体25～35%、イタリアは大体15～20%ぐらいのシェアを占めていましたが、同年には、両国合わせて30%ぐらいに減ってしまいました。

▶図3参照

なぜこのように他の国に比べて日本の生糸がアメリカで大きなシェアを占めることができたかというと、アメリカの織物業の製品は、高級織物というより中級織物で、これを支えていたのは力織機《りきしょっき》という糸の強さを要求する機械だったのですが、これに対して日本だけが節《ふし》が少なく切れにくい糸を供給することができたからだと考えられています。

日本の生糸にとってはアメリカが大事な市場で、一方アメリカにとっても日本の生糸が大事ということで、生糸貿易はアメリカに特化した関係になっていきました。景気の動向の影響を受けやすい絹需要の特質から、アメリカの景気動向が、日本の蚕糸業を大きく左右するようになったわけです。景気が良くて値段が大幅に上がる時もアメリカの影響、不況で値段が下がる時もアメリカの影響ということになりました。生糸の価格は、日本の意思とはかかわりなく、いわば他律的に激変するようになっていったのです。アメリカも世界の中で単独で生きているわけではなく、世界経済全体の中での経済運営ということになるわけですが、世界経済の悪化がアメリカ経済に及ぶと、日本の蚕糸業は大きな悪影響を受けるということになったのでした。生糸輸出が世界市場に直結していたがゆえの宿命といえましょう。

図2　日本生糸の輸出先国

図3　アメリカの国別生糸輸入量

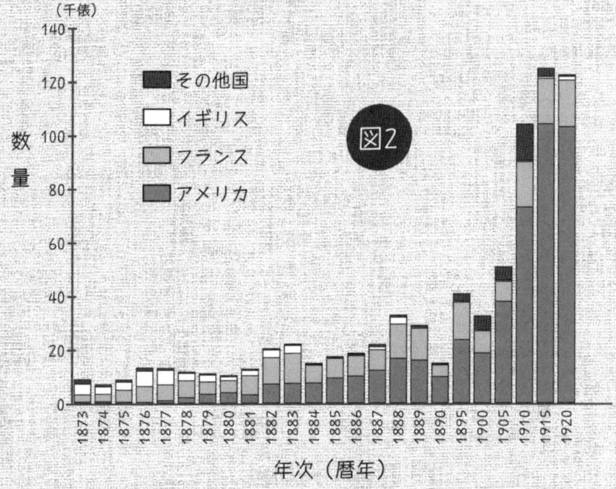

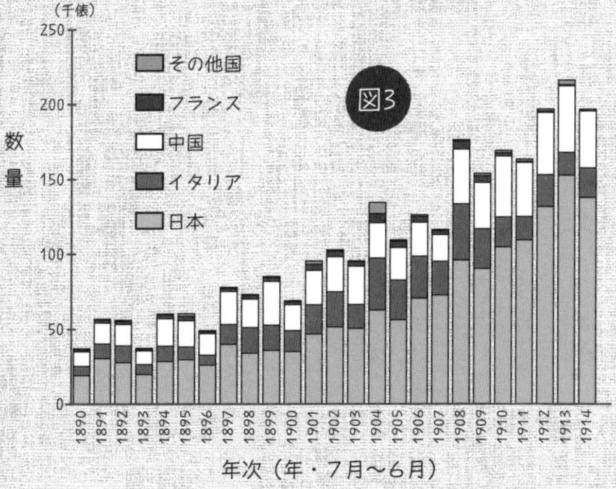

図2）『横浜市史』資料編2、日本貿易統計（1962年）より作成。

図3）石井寛治「日本蚕糸業史分析」より作成。

生糸の積出港

生糸の積出港がどこかというと、それは横浜港でした。最初に開港した横浜がその地位をずっと保ち続けて、横浜港には、九州や中国地方の生糸も集まったということです。一方、神戸港は横浜港のような地位を得たい、横浜からシェアを取りたいということで、いろいろ努力したようですが、なかなか実績が上がりませんでした。しかし、1923（大正12）年の関東大震災で、横浜港が壊滅的に打撃を受けた時、神戸港が横浜の代わりの役割を果たしました。横浜復興後は、再び横浜港がメインの積出港になりました。神戸港も頑張ったのですが、生糸の取扱量では横浜の4割程度のシェアで推移しました。

輸出競争力の程度

生糸輸出における日本の競争相手はイタリアと清でした。フランスは蚕の微粒子病が大流行した後の立ち直りができなくて衰退してしまったのですが、イタリアは回復して頑張っていました。イタリアの生糸は品質が良くて評価が高く、一方、清の生糸は上海糸を除いて、品質の評価は一般的に低いものの低いコストで大量に供給できるということで、この2つの国が日本の競争相手だったのです。

日本の生糸については、品質がフランス、イタリアに及ばず、評価が低いということがずっと続きました。評価のほどは、輸出した生糸の値段を見れば分かります。アメリカの統計によれば、平均ベースですが、1890（明治23）年には、生糸1ポンド当たり、イタリア4.38ドル、フランス3.80ドル、日本3.59ドル、清3.33ドルということで、4か国の中で第3位ということになります。その10年後の1900（明治33）年になっても、イタリア3.90ドル、フランス3.78ドル、日本3.13ドル、清2.75ドルで、清よりは上なのですが依然として第3位です。1905（明治38）年になって、ようやくフランスよりもやや高くなりますが、それでもイタリアには及ばないということが続いています。さらにその10年後の1914（大正3）年ぐらいを見ても、やはりイタリアの生糸がアメリカが輸入している生糸の中で最も評価が高く、イタリアが常に経糸《たていと》に適した品質の糸を供給していたことが分かります。

▶図4参照

しかし、前にも述べたように、アメリカの力織機《りきしょっき》に適合する生糸を作ることができたことが、日本がアメリカにおいて他国を圧倒するシェアを確保できた大きな要因だったのです。

なお、経糸に適する品質の糸を「優等糸」、適さない品質の糸を「普通糸」と2分類することが一般的ですが、日本の糸のうち「優等糸」でなくてもアメリカで経糸に使われた日本の糸のことを「中等糸」と名付け、優等糸、中等糸、普通糸と3分類する学者もいます。

日本の製糸の中でも経糸《たていと》用として売れる「優等糸」の生産に力を入れた企業がありました。代表的なのは、波多野鶴吉が設立し、京都府に本社を置いた郡是《ぐんぜ》製糸（1896（明治29）年設立）と片倉兼太郎が設立し、長野県に本社を置いた片倉製糸（1878（明治11）年設立。当初の社名は垣外製糸）です。郡是は、設立当初から非常に品質の高い、経糸になる糸を輸出するための技術の向上に努めていました。片倉は、はじめのうちは必ずしもそうではなかったのですが、よい糸を求める市場の動向を重視し、「優等糸」を生産するように方針転換をしたのです。そのほかにも

図4　アメリカの輸入生糸の国別単価

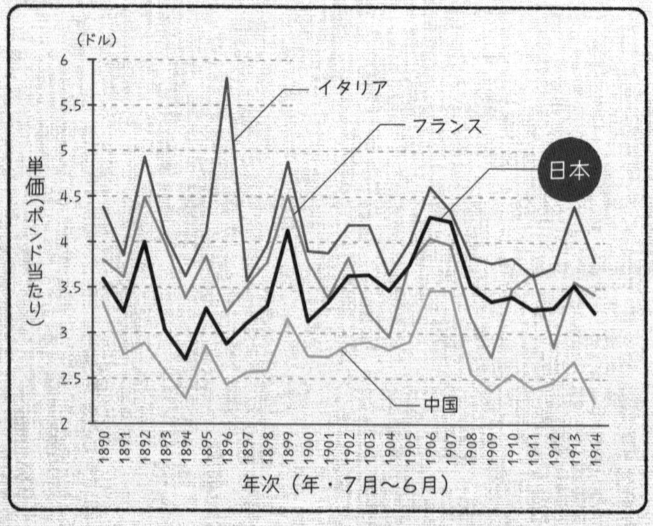

石井寛治「日本蚕糸業史分析」より作成。

「優等糸」の生産を行っていた企業は少なからずありました。日本の製糸企業は、「優等糸」の生産を目指す企業と緯糸《よこいと》として使われる「普通糸」でいいという企業と、大きく言えば2つのグループがあったのではないかと考えられています。

規格の設定と生糸検査

輸出の促進にあたっては、「規格」というものを作ることが大事です。何しろ実物を見ないで外国の人は生糸を買うわけですから、この糸は、5Aとか3Aとかあらかじめ定められた規格のうちどれに該当する糸であるかということが検査の結果として明らかにされるとともに、こういう規格に該当する糸だということが国の機関など権威ある機関によって保証されている制度があるとたいへん都合がいいわけです。織物業者が使う糸はすべて最高級のものである必要はなく、品質の低い糸は並の織物用として使えばよいわけですから、要は、表示と中身が一致することが肝心なのです。とはいっても、高級織物のためには、5A格の糸が必要ですから、高い価格を得たい製糸業者にとっては5A格の生産を目標とすることになります。規格は、品質の向上をリードする指標でもありました。

1896（明治29）年に、横浜と神戸に国の生糸検査所ができるとともに、輸出の前に検査を受けることが義務付けられました。生糸検査の結果、この糸は5A格だとか3A格だとか、そういう規格に当てはまる糸ですということが明示され、Aが多いのは品質がよいので高い値段、少ないのは低い値段ということで、取引が円滑に行われることになり、輸出の促進にも寄与しました。

なお、神戸の生糸検査所は受検数量が少なく、4年後に廃止されました。しかし、関東大震災で横浜が壊滅的打撃を受け、生糸輸出が神戸港から行われることになったことに伴い、神戸には神戸市営の生糸検査所ができ、やがてそれが国に移管されて、横浜とともに国の生糸検査所の並立体制がとられました。

生糸輸出世界一に

以上のようなさまざまな品質改善や生産量の増加などの輸出促進努力があって、日本は、ついに生糸輸出世界一となる日を迎

設立当時の横浜生糸検査所

えます。

すでにイタリアは抜いていましたが、1909（明治42）年に清を抜いて、ついに世界一の生糸輸出国となったのでした。この年の生糸生産量は、18.1万俵で、そのうち輸出量は、13.5万俵でした。その後、第2次世界大戦の始まるころまでの約30年間、世界一の生糸輸出国の地位を一度も譲ったことはありませんでした。

生糸輸出世界一になった1910（明治43）年における生糸生産に関する各指標を見ると、養蚕農家数は統計がとられていなかったため不明ですが、桑園面積43.9万ヘクタール、収繭量14.6万トン、器械製糸工場数4,791、製糸労働者数18.8万人、生糸生産量19.8万俵、うち輸出されたもの14.8万俵でした。

▶表1
▶表2
参照

生糸の生産量、輸出量ともに、前述（28頁）の1892（明治25）年の数字の3倍近くになっていることが注目されます。また、器械製糸による生産量は、全体の75%を占めるまでになっていました。

▶前掲
図1
参照

生糸輸出世界一を支えた人々

生糸輸出世界一を支えたのは、直接的には製糸業者である郡是《ぐんぜ》、片倉等の企業ですが、その背後には多くの名の残らない国民がいました。

表1　明治期における養蚕関係指標の推移

年次	桑園面積（千ha）	収繭量（千t）
1886（明19）	…	42
1887（明20）	…	44
1888（明21）	…	…
1889（明22）	216	44
1890（明23）	247	44
1891（明24）	249	59
1892（明25）	255	56
1893（明26）	241	63
1894（明27）	252	67
1895（明28）	264	85
1896（明29）	287	69
1897（明30）	296	80
1898（明31）	302	76
1899（明32）	305	94
1900（明33）	298	103
1901（明34）	301	95
1902（明35）	315	96
1903（明36）	317	97
1904（明37）	322	106
1905（明38）	337	102
1906（明39）	362	111
1907（明40）	388	130
1908（明41）	409	132
1909（明42）	429	136
1910（明43）	439	146

出典：蚕糸業要覧

表2　明治期における生糸輸出量と生糸関係産品輸出額の推移

年次	生糸生産量	生糸輸出量	繭糸類輸出価額	絹織物・絹製品輸出額	輸出品総価額	繭糸類比率	絹織物・絹製品比率
	(千俵)	(千俵)	(万円)	(万円)	(万円)	(%)	(%)
1868 (明 元)	…	12	1,036	0	1,555	67	0
1869 (明 2)	…	7	864	0	1,291	67	0
1870 (明 3)	…	7	725	0	1,454	50	0
1871 (明 4)	…	13	992	0	1,797	55	0
1872 (明 5)	…	9	820	1	1,703	48	0
1873 (明 6)	…	12	1,090	0	2,164	50	0
1874 (明 7)	…	10	660	0	1,932	34	0
1875 (明 8)	…	12	647	1	1,861	35	0
1876 (明 9)	…	19	1,621	0	2,771	58	0
1877 (明 10)	…	17	1,067	0	2,335	46	0
1878 (明 11)	23	15	944	0	2,599	36	0
1879 (明 12)	28	16	1,219	2	2,818	43	0
1880 (明 13)	33	15	1,107	4	2,840	39	0
1881 (明 14)	29	18	1,343	3	3,106	43	0
1882 (明 15)	31	29	1,926	3	3,772	51	0
1883 (明 16)	29	31	1,856	3	3,627	51	0
1884 (明 17)	36	21	1,328	3	3,387	39	0
1885 (明 18)	32	25	1,447	6	3,715	39	0
1886 (明 19)	45	27	2,030	7	4,888	42	0
1887 (明 20)	50	31	2,192	15	5,241	42	0
1888 (明 21)	47	47	2,878	27	6,571	44	0
1889 (明 22)	60	41	2,925	63	7,006	42	1
1890 (明 23)	58	21	1,673	118	5,660	30	2
1891 (明 24)	74	54	3,218	177	7,953	40	2
1892 (明 25)	75	54	3,991	446	9,110	44	5
1893 (明 26)	82	37	3,159	415	8,981	35	5
1894 (明 27)	87	55	4,289	849	11,325	38	7
1895 (明 28)	107	58	5,093	1,009	13,611	37	7
1896 (明 29)	97	39	3,171	744	11,784	27	6
1897 (明 30)	103	69	5,872	985	16,314	36	6
1898 (明 31)	98	48	4,477	1,279	16,575	27	8
1899 (明 32)	123	59	6,672	1,745	21,493	31	8
1900 (明 33)	118	46	4,882	1,860	20,443	24	9
1901 (明 34)	118	87	7,914	2,563	25,235	31	10
1902 (明 35)	121	81	8,257	2,769	25,830	32	11
1903 (明 36)	125	73	8,139	2,917	28,950	28	10
1904 (明 37)	125	97	9,433	3,910	31,926	30	12
1905 (明 38)	122	73	7,833	3,026	32,153	24	9
1906 (明 39)	137	104	11,634	3,568	42,375	27	8
1907 (明 40)	153	94	12,329	3,164	43,241	29	7
1908 (明 41)	169	115	11,724	3,037	37,825	31	8
1909 (明 42)	181	135	13,246	2,892	41,311	32	7
1910 (明 43)	198	148	14,156	3,280	45,843	31	7

出典：蚕糸業要覧

その一つは、養蚕農家です。養蚕農家数の統計を取り始めた1915（大正4）年において、167万戸の養蚕農家がありました。農家のうち4戸に1戸は蚕を飼っていたことになります。養蚕経営には、生糸価格が乱高下しやすく繭の収入が安定しないこと、蚕の飼育は通年でないこと、上蔟《じょうぞく》期の労働が極めてきついことなどの難点がありました。このため、養蚕に特化した経営は少なく、多くは、主要な農産物である米との複合経営でした。

また、戦後の養蚕農業協同組合のような製糸企業と価格交渉をする団体もなく、繭価決定は必ずしも養蚕農家側に有利ではありませんでした。しかし、養蚕は、複合経営の重要な柱の一つであり、繭は農家の現金収入源として貴重なものでした。蚕は、「お蚕さん」、「おこさま」などと呼ばれて可愛がられ、養蚕に関する諸文化は、農村に定着していきました。

もう一つは、製糸労働者です。その大部分は、若い未婚の女性でした。富岡製糸場では、1日の就業時間が7時間45分、休日が1週間に1日などかなり近代的なものでしたが、その富岡製糸場でも民間払い下げが行われたころには、1日10時間以上の労働時間となったといわれています。長時間労働が製糸労働者の代名詞のごとくいわれたこともありましたが、器械製糸といっても器械の発達の程度が低かったので、結局のところ人力に依存せざるを得ない面があったことが長時間労働につながったものと思われます。

1911（明治44）年、労働時間の制限を定めた工場法が制定されましたが、製糸業者の多くが工場法が定めようとした1日の労働時間の上限12時間に反対であったことは、製糸業が長時間労働に依存していたことの何よりの証明といえましょう。なお、綿織物業においては機械化が進展し、昼夜2交代制がとられるようになっていました。

また、賃金が1年に1回払いというところが多く、賃金支払いの時期までの工女に対する前貸し金と相殺するといくらも手元に残らないとか、工女側の借越しになったという事例も見られたようです。総じて言えば、「優等糸」を目指す企業には、いい糸を作るためには工女を大切にしなければ、という考えがあり、それなりの処遇もされたようですが、「普通糸」の量産を目指す企業の場合、売れる時にできるだけ作らなければと長時間労働につながっていく傾向がみられたことは否定できないと思われます。

しかし、過剰な人口を抱えていた当時の日本において、製糸業が明治末期から昭和前期までの間、約20万人ないし40万人の雇用の場を提供していたことも事実であり、今日の時点において今日の価値観からみての安易な批判は避けるべきものと思います。

▶表3参照

表3　製糸労働者数の推移

（単位：人）

年次	製糸労働者数
1896（明29）*	125,575
1899（明32）**	116,148
1900（明33）*	124,894
1905（明38）***	143,000
1905（明38）*	153,223
1906（明39）***	151,000
1907（明40）***	164,000
1908（明41）***	166,000
1908（明41）*	175,585
1909（明42）***	191,000
1910（明43）***	188,000
1911（明44）***	210,000
1912（大 元）***	217,000
1913（大 2）***	216,000
1914（大 3）***	221,000
1922（大11）	303,138
1923（大12）	302,018
1924（大13）	306,634
1925（大14）	319,705
1926（昭 元）	345,125
1927（昭 2）	365,576
1928（昭 3）	395,382
1929（昭 4）	412,635
1930（昭 5）	395,382

年次	製糸労働者数
1931（昭 6）	392,648
1932（昭 7）	338,556
1933（昭 8）	317,347
1934（昭 9）	288,457
1935（昭10）	282,260
1936（昭11）	259,311
1937（昭12）	233,159
1938（昭13）	218,890
1939（昭14）	209,076
1940（昭15）	202,589
1946（昭21）	68,331
1947（昭22）	82,832
1948（昭23）	83,529
1949（昭24）	66,661
1950（昭25）	60,818
1951（昭26）	64,274
1952（昭27）	62,379
1953（昭28）	59,662
1954（昭29）	58,521
1955（昭30）	58,660
1956（昭31）	52,838

（注）

* は、「日本蚕糸業発達とその基盤」からでその出典は「農商務省統計」。

** は、「日本資本主義分析」からで複数の統計から推算したもの。
なお、この数字は10人以上使用工場の職工数とされており、それ以外の使用者の職工が他に516,495人いるとされている。

*** は、「日本資本主義の発展」からでその出典は「日本経済統計総覧」

無印は、「日本繊維産業史」からでその出典は農林統計表

column

蚕が繭を作るまで

蚕は、昆虫の一種ですから、卵（蚕種）から孵化することによって、その一生が始まります。孵化後4回の休眠と脱皮を繰り返しますが、1回目の休眠と脱皮の前までを1齢といい、以下、2回目の休眠と脱皮の前までが2齢、3回目の休眠と脱皮の前までが3齢、4回目の休眠と脱皮の前までが4齢、その後が5齢ということになります。5齢になってから数日すると、繭を作り始めますが、孵化してから繭を作るまでの期間は、大体1か月くらいです。

蚕の飼料は、桑の葉です。したがって、蚕を飼うためには、蚕を飼う場所（蚕室）のほかに、桑畑が必要です。桑畑が10アールあれば、蚕を約5万4,000頭（蚕の数は、頭と表示します）飼うことができ、繭が約100キログラムできます（反物にした場合約20反分）。蚕は、大きくなるにつれ、食べる桑の量が飛躍的に増大するので、養蚕農家は、朝から夜まで、桑切り、運搬、給桑などに追われることになります。養蚕においても機械の導入などの省力化が進んでいますが、それでもなお人の手に依存するウエイトが大きいのが養蚕の特徴です。したがって、労賃水準の低い国が競争力を持つのです。

蚕を飼う時期は、春期、初秋期、晩秋期が標準的ですが、大量に繭を生産する農家にあっては、これに限定されることなく、1年に7、8回飼う場合もあります。

世界一達成後の各方面での努力

生糸輸出促進に関するさまざまな努力は、明治時代の終わりごろに生糸輸出世界一という形で実ったのですが、それ以後も養蚕、製糸、蚕糸教育・行政の各方面で、さらなる努力が積み重ねられていき、実績が挙げられました。

養蚕

養蚕の面では、1906（明治39）年、遺伝学者の外山亀太郎が「蚕種類の改良」という論文を発表しました。これは、蚕の「一代交雑種」の優越性を説いた学説で、発表当初は無視されていましたが、やがて関係者の賛同を得て、蚕の世界に画期的な変化をもたらしました。雑種強勢の理論を応用したものですが、違った種類の蚕を掛け合わせて、飼いやすく、かつ、よい形質の繭を作る蚕の品種を作り出すことに成功したのです。それまでの蚕

桑を食べるカイコ

の品種は、蚕として飼いやすいものは、糸をとった時に品質に問題があるとか、いい糸になる繭を作る蚕は、蚕としては飼いにくいという具合に両立しないところが多々あったのですが、一代交雑種の理論は、それらの問題点を克服し、長所が発現するような蚕の品種を作出できるようになったのでした。繭の形もそれまでの真ん中がくびれた形のものから、卵型の繭になるように改良されました。そういう形になって、繭の総量が多くなり、糸がより多くとれるようになりました。

一方、生糸の品質の向上・均一性の確保のためには、蚕品種の統一を図るべきだという意見が強く出されるようになりました。それは、生糸の品質が不揃いなのは繭の品質の不揃いによるところが大きいが、そもそも繭の品質が不揃いなのは蚕種の不揃いに原因があるではないかという問題提起で、1909（明治42）年、片倉製糸社長の今井五介らよって、「蚕種統一運動」が提唱されました。当時、蚕品種は300種くらいあるといわれていました。これをもっと少ない数の優良な品種に整理していこうというのがその考え方でした。しかし、反対論も強く、なかなか進展しませんでした。しかし、一代交雑種の理論とも相まって、優良な蚕種が必要であることについての関係者の認識は深まりました。

そして、1911（明治44）年、国立原蚕種製造所が国の機関として設立され、国の原蚕種製造所・府県の蚕種製造所・地域の蚕種製造家という3段階の蚕種供給システムができ、いい繭を作る蚕が品種開発された場合、これを農家全般に広める体制が確立されました。それぞれの役割について述べますと、国立原蚕種製造所では、国内に普及していた多くの蚕品種を収集し、この中から、一代交雑種用蚕品種の親（原原種）となる蚕品種の選抜と育成を行いました。府県蚕種製造所は、国から原原種の提供をうけ、原種を製造し、蚕種製造家に提供しました。そして、蚕種製造家によって一代交雑種の蚕種が製造され、農家に配布されるということになりました。これにより、繭について、生産量も、生産性も上がり、品質も安定したのでした。

製糸

製糸についても、国際競争力の確保の上から、品質の向上とともに、生産性の向上を図らなければなりませんでした。生糸の生産性向上の指標は、1人がいかにたくさんの量の糸をひけるようになるかということです。富岡製糸場など初期の器械製糸場は、フランス式にしても、イタリア式にしても、2条繰り（1人の工女が1つの釜の中にある繭群の中から2すじの糸をひくこと）でした。

製糸の世界での立役者は、発明家の御法川《みのりかわ》直三郎です。1895（明治28）年、4条繰りの繰糸機を開発し、その後、1903（明治36）年には、12条繰りの繰糸機を発明し、さらに、1925（大正14）年には、片倉製糸の支援もあって、20条繰りの繰糸機を完成させます。これが片倉で採用され、戦前の製糸器械の花形となりました。

現在、富岡製糸場の繰糸場に残されている器械は、片倉製糸が1987（昭和62）年まで使っていた自動繰糸機です。器械が電力で動いて繰糸をしますが、工女は繰糸工程にはタッチせず、器械が正常に動かなくなったとき、例えば繰糸の途中で糸が切れたときにその手直しのためにだけ人手が加えられることになったのです。自動繰糸機は、1949（昭和24）年になって片倉が自社開発によってようやく出来たもので、戦前までの生糸輸出華やかなりし頃にはまだそこまでの段階には至っていませんでした。1人の工女が器械に人力を加えて20条までひくのが最大の効率アップだったのでした。

生糸生産に関するソフト面では、製糸業者と養蚕農家との間で、「特約取引」というものが進展しました。特約取引とは、製糸業者が養蚕農家に自社生糸の生産に役立つ特定の蚕種の配布を行うとともに、出来上がった繭は、製糸業者が一手に買い取るということを約束した取引です。また、繭の価格は、あらかじめ規格を定めておき、繰糸試験の結果によって規格のどれに該当する繭であるかを判定して決定されました。養蚕農家にとっては、繭の

荷造りされた生糸

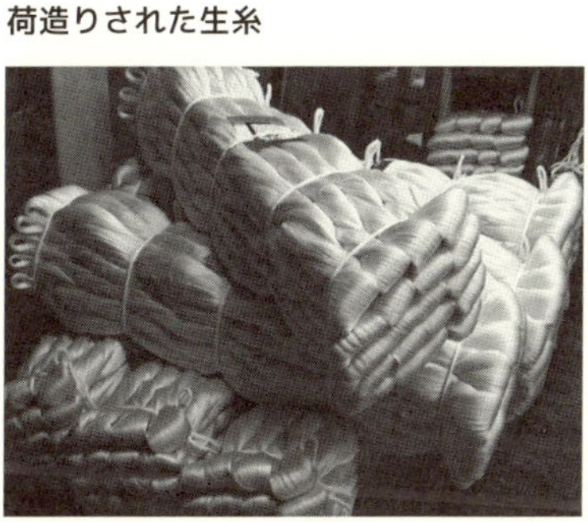

収入の目安が得られるというメリットがあり、優等糸を生産する製糸企業にとっては、繭質一定の優良繭の確保につながるというメリットがありました。

生糸輸出世界一を達成した後も、日本の蚕糸業は発展を続けましたが、特に第1次世界大戦期に、大きく発展しました。器械製糸の設備は、大戦初期の1915（大正4）年の20.5万釜から、大戦が終わった1918（大正7）年には、28.5万釜へと、40%近い増加となりました。生糸の生産数量は、同期間に25.3万俵から39.7万俵へと50%以上伸び、輸出量は、同期間に17.7万俵から28.6万俵へと、60%以上の伸びを示しました。世界一の生糸輸出国になってわずか10年程度で、生産量も、輸出量も2倍以上になったのです。第1次世界大戦の時期は、重化学工業の発展をみるなど全体として日本の工業が大きく発展した時期だったのですが、製糸業も同様だったのです。1918（大正7）年には、生糸の生産量の90%は器械製糸によるものというところまで進展してきました。

▶図1
参照

教育・行政機関

蚕糸関係の指導者育成のための教育にも力が注がれました。1892（明治25）年に長野県小県《ちいさがた》蚕業学校、1896（明治29）年には福島県立蚕業学校などの中等蚕糸教育機関ができましたが、その後、高等教育機関の設立が進みました。1896（明治29）年、東京に蚕業講習所ができました。東京農工大学の前身です。1899（明治32）年には、京都にも蚕業講習所ができました。京都工芸繊維大学の前身です。1911（明治44）年には、上田蚕糸専門学校ができました。信州大学繊維学部の前身です。これが蚕糸の御三家といわれた大学の起源です。

これらの高等教育機関を卒業した人々は、生糸輸出世界一達成前後から、日本の蚕糸業を担う指導者として、全国の企業・地域や行政機関で活躍したのでした。

行政機関においては、1925（大正14）年に、諸産業の発展に伴い、農商務省が農林省と商工省に分離しました。それまで、絹関係の所掌は、同一省庁の農商務省だったのですが、以後、養蚕・繭・生糸は農林省、撚糸・織物・絹製品は商工省ということになり、所管が異なることになりました。1927（昭和2）年には農林省に蚕糸局が設置されました。政府の中で、蚕糸行政が一つのまとまった分野の行政として認知されたのでした。なお、蚕糸局は、1968（昭和43）年まで、存続しました。

以上のような努力が積み重ねられた結果、生糸類（生糸のほか、屑糸、真綿など生糸の関連産品を含んだもの）の輸出金額としては、1925（大正14）年、史上最高額となる9億1千万円を記録し（輸出総額に占める割合は40%）、また、生糸の輸出量としては、1929（昭和4）年、史上最高量となる58万俵を記録するに至りました。

▶表4
▶表5
参照

表4　大正・昭和前期における養蚕関係指標の推移

年次	養蚕農家戸数（千戸）	桑園面積（千 ha）	収繭量（千 t）
1911（明44）	…	447	159
1912（大 元）	…	450	167
1913（大 2）	…	448	172
1914（大 3）	…	447	165
1915（大 4）	1,671	450	174
1916（大 5）	1,763	462	214
1917（大 6）	1,857	483	239
1918（大 7）	1,908	505	256
1919（大 8）	1,938	528	271
1920（大 9）	1,891	530	237
1921（大 10）	1,799	531	237
1922（大 11）	1,782	508	227
1923（大 12）	1,858	525	261
1924（大 13）	1,886	533	277
1925（大 14）	1,994	545	318
1926（昭和 元）	2,055	567	325
1927（昭和 2）	2,096	589	341
1928（昭和 3）	2,158	603	352
1929（昭和 4）	2,209	620	383
1930（昭和 5）	2,208	708	399
1931（昭和 6）	2,112	677	364
1932（昭和 7）	2,057	646	336
1933（昭和 8）	2,085	634	379
1934（昭和 9）	1,988	917	327
1935（昭和 10）	1,887	577	307
1936（昭和 11）	1,848	561	311
1937（昭和 12）	1,810	555	322
1938（昭和 13）	1,688	544	282
1939（昭和 14）	1,643	528	340
1940（昭和 15）	1,635	528	328
1941（昭和 16）	1,581	489	262
1942（昭和 17）	1,416	408	209
1943（昭和 18）	1,289	360	202
1944（昭和 19）	1,139	302	151
1945（昭和 20）	1,004	240	85

出典：蚕糸業要覧

表5　大正・昭和前期における
　　生糸輸出量と生糸関係産品輸出額の推移

年次	生糸生産量（千俵）	生糸輸出量（千俵）	繭糸類輸出価額（万円）	絹織物・絹製品輸出額（万円）	輸出品総価額（万円）	繭糸類比率（%）	絹織物・絹製品比率（%）
1911（明44）	213	145	13,900	3,433	44,743	31	8
1912（大元）	227	171	16,333	3,010	52,698	31	6
1913（大 2）	234	202	20,332	3,935	63,246	32	6
1914（大 3）	235	171	16,972	3,402	59,110	29	6
1915（大 4）	253	178	16,126	4,322	70,831	23	6
1916（大 5）	282	217	28,262	5,063	112,747	25	4
1917（大 6）	332	258	38,261	6,286	160,301	24	4
1918（大 7）	362	243	41,285	11,753	196,210	21	6
1919（大 8）	397	286	65,652	16,247	209,889	31	8
1920（大 9）	365	175	41,814	15,842	194,839	21	8
1921（大10）	390	262	42,978	8,994	125,284	34	7
1922（大11）	404	344	68,752	10,793	163,745	42	7
1923（大12）	422	263	57,834	9,232	144,775	40	6
1924（大13）	474	373	71,033	12,584	180,703	39	7
1925（大14）	518	438	91,257	11,698	230,559	40	5
1926（昭元）	569	443	75,169	13,307	204,473	37	7
1927（昭 2）	618	522	75,472	13,962	199,232	38	7
1928（昭 3）	661	549	74,587	13,406	197,196	38	7
1929（昭 4）	706	581	79,510	14,995	214,862	37	7
1930（昭 5）	710	477	42,417	6,578	146,985	29	4
1931（昭 6）	730	561	35,831	4,957	114,698	31	4
1932（昭 7）	693	549	38,668	5,919	140,999	27	4
1933（昭 8）	703	484	39,437	8,039	186,105	21	4
1934（昭 9）	754	507	29,351	10,163	217,192	14	5
1935（昭10）	729	555	39,708	10,271	249,907	16	4
1936（昭11）	705	505	40,411	9,543	269,298	15	4
1937（昭12）	698	479	42,206	9,522	317,542	13	3
1938（昭13）	719	478	37,084	6,548	268,968	14	2
1939（昭14）	694	386	51,591	6,358	357,635	14	2
1940（昭15）	713	294	45,492	5,058	365,585	12	1
1941（昭16）	655	143	22,415	5,091	268,287	8	2
1942（昭17）	453	8	1,947	5,397	179,254	1	3
1943（昭18）	356	13	3,118	6,034	162,735	2	4
1944（昭19）	154	1	728	4,597	129,820	1	4
1945（昭20）	87	－	0	697	38,840	0	2

出典：蚕糸業要覧

生糸輸出の我が国近代化への貢献

以上述べたように、日本の蚕糸業は、さまざまな取り組みを行い、苦難をしのいで輸出を続けてきました。大小の波はありましたが、趨勢的には、昭和の初期頃まで輸出金額は伸び続け、外貨の獲得に大きな寄与をしてきたということに疑いの余地はありません。しかし、1930（昭和5）年から1939（昭和14）年の間の10年間ぐらいはそれまでの時期に比べて低迷しました。これは輸出した数量としては、そう大きく落ち込んだわけではないのですが、為替レートの変動の影響や人絹との競争もあり、輸出価格が大幅に下がったことによるものです。

総輸出額に占める生糸類輸出額のシェアは、1934（昭和9）年になって20%を切り、さらに1939（昭和14）年になって10%を切るというふうに急速に減少しましたが、明治時代から昭和の初期ころまでの60年間余は、だいたい30～40%前後のウエイトを占めてきました。このような輸出実績は、外貨の獲得を通じ、機械・設備の輸入、原料の輸入などの面で日本の近代化に大きく寄与してきました。

いくつか代表例をあげると、まず、後に輸出産業として成長する綿紡績業に対する寄与です。日本で製糸業に続いて発展したのは綿紡績業でしたが、綿織物の機械は日本ではできませんでしたから、イギリスから輸入しました。原料の綿花も輸入しなければなりませんが、これはインドからの輸入です。いずれも輸入に必要な外貨の相当部分は、生糸輸出によって得られたものです。

2015（平成27）年の世界遺産登録申請で八幡製鉄所などの「明治日本の産業革命遺産」の手が挙がっていますが、1899（明治32）年から稼働する八幡製鉄所の設備も海外から輸入しています。これは主としてドイツからの輸入ですが、生糸の輸出で得た外貨はその資金源の一つになっています。

明治政府は、殖産興業の一環として、輸送力の強化にも力を入れました。東海道線などの幹線鉄道や生糸を運んだ高崎線などが敷かれ始め、明治20年前後からは民間による鉄道の敷設が進みますが、鉄道敷設のためにはレールが必要ですし、蒸気機関車も必要になります。そういう鉄製品を輸入する外貨も生糸が稼いだのです。

また、当時は軍艦も自前ではできませんでした。司馬遼太郎の「坂の上の雲」で有名となった日露戦争における日本海海戦もイギリスから買った軍艦で戦われたのです。日英同盟を結んでいたということもありますが、イギリスから輸入した軍艦で連合艦隊が編成されていました。特に戦艦など大きいものはイギリスで造られていました。司令官東郷平八郎が乗り、参謀秋山真之も乗っていた連合艦隊の旗艦三笠もイギリス製でした。日本海海戦で、連合艦隊がロシアのバルチック艦隊を破ったのは日本の生糸の力であったと言った人もいますが、軍事力の強化に生糸が大きな役割を果たしたことも重要な事実です。

▶表6
参照

表6　日露戦争期の主力艦艇

	艦名	種別	製造国	造船会社名	排水量	進水年
1	三笠	戦艦	英国	ヴィッカース社	15,362t	1902（明治35）年
2	敷島	戦艦	英国	テムズ鉄工造船所	15,088t	1900（明治33）年
3	富士	戦艦	英国	テムズ鉄工造船所	12,649t	1897（明治30）年
4	朝日	戦艦	英国	ジョン・ブラウン社	15,553t	1900（明治33）年
5	日進	巡洋艦	伊国	アンサルド社	7,629t	1904（明治37）年
6	春日	巡洋艦	伊国	アンサルド社	7,628t	1904（明治37）年
7	出雲	巡洋艦	英国	アームストロング社	9,906t	1900（明治33）年
8	磐手	巡洋艦	英国	アームストロング社	9,906t	1901（明治34）年
9	常磐	巡洋艦	英国	アームストロング社	9,885t	1899（明治32）年
10	八雲	巡洋艦	独国	フルカン・シュテッティン社	9,800t	1900（明治33）年
11	吾妻	巡洋艦	仏国	ロワール社	9,456t	1900（明治33）年
12	浅間	巡洋艦	伊国	アームストロング社	7,629t	1904（明治37）年
13	初瀬	戦艦	英国	アームストロング社	15,240t	1901（明治34）年
14	八島	戦艦	英国	アームストロング社	12,517t	1897（明治30）年

「海軍」編集委員会、土肥一夫監修、海軍・第3巻、pp24-25、誠文図書（1981）

column

輸出品トップの地位

1859(安政6)年、日本が開国し、横浜港が開港されて諸外国との交易が始まってから1933(昭和8)年に至るまでの75年間、生糸は、一貫して日本の輸出品のトップの座にありました。これほどの長期にわたって輸出品トップの地位を保持し続けた産品はありません。しかも、30～40%という極めて大きなシェアでした。

最近では、自動車が輸出品トップの座を占めています。1970年代の後半から、鉄鋼を抜いてトップになり、最近でもトップの座を守っていますが、一時、1995(平成7)年ころには、半導体等の電子製品にトップを奪われたこともありました。また、輸出品全体に占めるシェアも、1990年17.8%、2000年13.4%、2005年15.1%、2013年14.9%という具合で、それほど大きなシェアというわけではありません。

それでも最近の経済動向にみられるように、過度の円高が是正され、自動車輸出が伸びると、国内の景気回復に大きく寄与することになるのですから、往年の生糸輸出についても、その額が増えるか、減るかによって国内の景気に大きな影響を与えたであろうことが想像できます。

何度も生じた蚕糸業の危機と世界恐慌後のかげり

生糸輸出は、アメリカ市場への依存度を高めて以来、アメリカ経済に大きく左右されました。

アメリカが不況になると、生糸輸出は縮小せざるを得ませんでした。したがって、生糸輸出額は一直線に伸びていったわけではありません。

小さな落ち込みは数多く、大きな落ち込みも3回経験しました。大きな落ち込みは、蚕糸業の危機といわれ、そのうち2回は危機を克服しましたが、3回目は、世界中の不況と重なり、危機を克服しきれない状況のままに、アメリカとの対立・戦争に突入し、生糸輸出の途絶と蚕糸生産の大幅な減少という事態を迎えたのでした。

第1次世界大戦の開始による落ち込み

日本の蚕糸業が最初に経験した大きな落ち込みは、1914（大正3）年、第1次世界大戦がはじまった時にやってきました。フランスやイタリアなどヨーロッパがみな戦場になったことによる直接的なヨーロッパ市場への輸出の途絶にとどまらず、戦争によって、海上貿易の混乱、為替市場の混乱がもたらされ、アメリカ経済が混乱したことによるものでした。混乱の結果、アメリカの絹織物業の生産は大幅に落ち込みましたので、日本からの生糸輸出も激減せざるを得なかったのです。そうなると、製糸企業は大変です。繭を買い、生糸にしたけれどもその生糸が売れないということになると、養蚕農家に対する繭代のための借入金の返済ができないことになり、資金繰りが苦しくなります。そこで製糸業者は政府に低利資金の融資を求めますが、なかなか実現しませんでした。

また、作っても売れないのでは仕方がないということで、生産調整にも乗り出します。しかし、糸になって現に積み上がってしまっている在庫はどうにもなりません。経過には紆余曲折がありましたが、結局、1915（大正4）年、生糸問屋や製糸業者の出資、政府の補助金などをもとに「帝国蚕糸株式会社」を設立し、生糸の在庫を一定価格で買い上げる方策をとったのです。買入れ量が多くて営業開始後2か月で資金が枯渇するということになりましたが、ようやくその頃には戦争によるアメリカ経済の混乱が収まり、逆に需要が伸びてきました。アメリカは参戦しておらず戦場になっていませんから、戦争直後の混乱が収まると、戦争景気で非常に好景気になったわけです。「帝国蚕糸株式会社」は、1916（大正5）年、所有生糸を販売しつくし、

生糸保管に使われた帝蚕倉庫

利益を上げ、政府に助成金を返して、解散しました。

第１次世界大戦後の落ち込み

しかし、1918（大正７）年に戦争が終わると、また不況期がきました。戦後不況です。これが２回目の大きな落ち込みです。1920（大正９）年の年初から生糸価格の下落が始まり、５月には、横浜の大手の生糸問屋の茂木合名会社と同社に多額の融資をしていた七十四銀行が経営破たんするという事態になりました。生糸価格はますます下がり、７月には、１月の時の価格の４分の１の水準まで下落するということになりました。

ここで再び「帝国蚕糸株式会社」を設立しようという動きになり、９月には第二次の「帝国蚕糸株式会社」を設立して、買入れを開始するまでになりました。しかし、翌1921（大正10）年１月には資金が枯渇する一方生糸価格は回復せず、政府から追加貸付を受けることになりました。ようやく1922（大正11）年になってから需要と価格が持ち直し、所有生糸を全量売却の上、利益を上げて、1923（大正12）年３月に解散したのでした。

世界恐慌のときの落ち込み

その後、1923（大正12）年9月に関東大震災があり、生糸貿易は横浜港の壊滅によって大打撃を受けますが、神戸港の働きとその後の生糸価格の持ち直しにより、翌年から輸出量は増え始め、回復していきます。1925（大正14）年には、史上最高の輸出額9億1千万円を記録し、さらに、1929（昭和4）年には、史上最高の58万俵という輸出量を記録したのです。大正の末期から昭和の初期のころが、日本の蚕糸業の栄光のピークの時期と言ってよいでしょう。

しかし、同年10月、世界恐慌が勃発しました。ニューヨークのウォール街での株価の大暴落に始まり、アメリカでは銀行や企業の倒産が相次ぎ、生糸需要は落ち込みました。このため、1930（昭和5）年の総輸出量は、前年の80%程度の47.7万俵にまで減少し、輸出金額では、約半分になりました。以後、1938（昭和13）年まで、生糸の輸出量は一進一退で、毎年50万俵前後の輸出量でしたが、生糸価格が低下したため、輸出金額としては、1929（昭和4）年の半分の4億円程度で推移しました。

▶前掲表5参照

生糸輸出が伸び悩んだのは、世界恐慌の中でのアメリカの不況が大きな原因であったことは言うまでもありませんが、もう一つの大きな原因は、人絹（人造絹糸）という大敵が出現したことでした。アメリカでは日本の生糸に代わる糸ができないかという研究が進んで人絹が発明されましたが、人絹は燃えやすく危険だということで必ずしも普及は進んでいなかったのです。

しかし、第1次世界大戦後、燃えにくい人絹が発明されてから徐々に製品化が進み、織物の原料が生糸から人絹にとって代わられていきました。このため、日本の生糸は織物用の糸から撤退し、女性の靴下用の糸に特化していかざるを得なくなってしまったのです。第1次世界大戦後、アメリカでは絹の靴下が流行し、生糸は織物だけでなく、靴下の原料にもなり、一時は生糸の市場を広げました。しかし、織物の原料が人絹にとって代わられたため、1929（昭和4）年にはアメリカへの輸出生糸のうち靴下用の生糸が占める割合は27%にすぎなかったのに、1939（昭和14）年になると、81%が靴下向けということになってしまいました。人絹の威力のほどが分かります。

1930年以降生糸輸出額が伸び悩んだため、1934（昭和9）年には、ついに横浜開港以来保持していた日本における輸出品のトップの地位を綿織物に譲ってしまいました。

需要の伸び悩みや価格低迷により、蚕糸業には、経営合理化の波が押し寄せてきました。製糸業では、コスト低減のため、古い器械の整理と多条繰糸機への転換が進みました。養蚕では、稚蚕共同飼育など共同化が進みました。

また、生産過剰や蚕糸業全体の合理化の要請への対応として、蚕糸業統制を求める動きが出てきて、1931（昭和6）年、「蚕糸業組合法」が成立しました。これは、蚕糸業を構成する各分野ごとに、製糸業組合、養蚕業組合、生糸輸出組合などを設立するとともに、全国団体として、日本中央蚕糸会を設立し、蚕糸の各分野を統括することによって、蚕糸業全体の合理的運営を確保することを狙いとするものでした。

さらに、1937（昭和12）年には、「糸価安定施設法」が制定されました。これは、糸価安定施設組合を設立し、同組合が、政府の助成を受けて、生糸の価格が低落したときに市場から買い上げ、高騰したときに売り渡すという仕組みのもので、戦後の繭糸価格安定制度のはしりとなった制度でした。しかし、事態は特に好転することもなく推移していきました。

なお、製糸事業が厳しくなってきた1939（昭和14）年、原合名会社の工場の一つであった富岡製糸場（原合名会社は、1902（明治35）年に三井家から同工場を引き継いでいました）は、独立の会社となり、片倉製糸がその筆頭株主となったため、実質的に片倉の支配下に入りました。その後、片倉製糸自身の工場の一つとなり、1987（昭和62）年まで、操業されました。

アメリカへの生糸輸出の途絶

1939（昭和14）年以降、生糸輸出は激減していきます。その最大の要因は、日米関係が険悪になったことです。1939（昭和14）年にはアメリカから日米通商航海条約を延長しないという通告を受け、翌年1月で終了ということになって、アメリカとは通商条約がない状態になりました。

また、1941（昭和16）年7月には、日本軍の南部仏印への進出に対する報復措置として、アメリカは「対日資産凍結令」を発動し、アメリカに対する生糸輸出はストップしました。そして、同年12月、ついにアメリカとの戦争が始まってアメリカへの生糸輸出は完全に途絶しました。

失われた需要の回復のため、フランスなどに対する輸出努力や生糸の新規用途開拓

輸出生糸につけられていた商標例

が進められました。絹の洋服地、漁網、パラシュート用の綱、さらには羊毛代用品としての絹製品の開発が進められたのです。しかし、アメリカ輸出に見合う需要の確保は全くできませんでした。

蚕糸業の統制と桑園の整理

1941（昭和16）年3月、日中戦争長期化後の統制経済の進展に伴い、他の分野と同様、蚕糸の世界においても、「蚕糸業統制法」の制定をみました。日本蚕糸統制株式会社のもとに蚕糸業の一元化が行われることになったのでした。

また、同年10月、食料の確保のため、10万ヘクタール余の桑園整理計画が立てられ、桑が引き抜かれて食糧生産に転換されることにもなりました。

石油をアメリカに依存しているのにアメリカと戦争して勝算はあったのかと、ということが戦前の歴史を振り返った場合によくいわれることですが、生糸の輸出の面から見ても、戦争は、決定的な悪影響を与えました。輸出先と敵対し戦争をしたので、売れるところがなくなってしまったわけです。

1941（昭和16）年に158万戸あった養蚕農家は、1945（昭和20）年には100万戸に、15.7万台あった繰糸機は、3.7万台に、それぞれ減りました。

陽はまた昇る

蚕糸業の復活

戦争中、生糸生産は全部統制の下にあり、自由な生産はありませんでしたが、戦後になってようやく生糸の生産が自由になりました。また、大変な食糧難の時代を迎え、国民を飢えさせないためには、緊急に開拓を推進する必要性が高まるとともに、食糧を輸入しなければならないという事態になりました。食糧輸入のためには、外貨を稼がなければならないので、生糸が輸出品としてまた陽の目を見たのです。桑も再び植えられるようになりました。

1946（昭和21）年3月、昭和天皇は富岡製糸場に行幸し、生糸生産現場を激励しました。また、蚕糸業の復活を重視したマッカーサーの指示に基づき、政府は、同年9月、1951（昭和26）年を目標とした「蚕糸業復興5か年計画」を決定し、生糸生産の奨励に乗り出します。その目標は、繭の生産13.8万トン、生糸の生産27.3万俵というものでした。繭と生糸の生産は、徐々に回復し始めました。製糸業の中心地であった岡谷市においては、1948（昭和23）年以降、毎年自主的に夏期大学が開催され、全国的な製糸技術の向上が図られました。1950（昭和25）年には、新たな5か年計画が立てられ、生糸30万俵が生産目標とされました。この年、朝鮮戦争が勃発し、戦争景気で、戦後の日本経済の立て直しに大きな影響がありましたが、生糸需要の増大という形で蚕糸業にも跳ね返ってきました。

また、繭・生糸の価格の安定のために、1951（昭和26）年に繭糸価格安定制度ができました。価格が低下したときに生糸を買い入れ、高騰したときに売り渡すという仕組みです。価格低落の際のセーフティーネットが制度化されたことで、農家と製糸企業ともに安心して生産に励むことができる体制ができたのです。

しかし、1939（昭和14）年にアメリカで本格的生産が始まったナイロンはすでに女性用靴下に使われるようになっており、生糸はかつてのような輸出品の花形というわけにはいかなくなっていました。輸出品全体に占める生糸のシェアもかつてとは様変わりで、数パーセントにすぎませんでした。生糸輸出におけるアメリカのシェアもかつてのように大きくはなく、大体50%程度で推移しました。

1958（昭和33）年には、需要が伸びず、過剰生産が表面化し、生産調整政策がとられます。アメリカ市場が韓国の進出で縮小するなど生糸需要の不振と過剰設備が表面化し、桑園の整理（桑の引き抜き）、製糸設備の処理対策がとられたのです。昨今米の生産調整のあり方が議論になっていますが、日本の農業で、最初に政策的な生産調整を経験したのは、実は、蚕糸業なのでした。

高度経済成長がもたらした内需拡大

昭和30年代から高度経済成長が始まり、日本人の所得が増大して、きもの需要が大幅に増えました。海外市場に代わって国内の需要、つまり内需が増大してきたのです。1972（昭和47）年まで増加し続けました。すべての絹製品を原料生糸の重量で積算すると、同年には約52万俵の生糸を消費したということになります。絹の国民への普及が進んだのです。

▶図5 参照

それに伴って、糸価・繭価も上がってきました。日本の蚕糸業は息を吹き返したのでした。生糸の需要増を背景に、繭・生糸の増産計画も立てられました。自動繰糸機も広く普及しました。1959（昭和34）年から1975（昭和50）年までの間は毎年30万俵以上の生糸生産が行われました。戦前の生糸生産のピークが1934（昭和9）年の約75万俵、戦後のピークが1969（昭

型友禅

図5　絹の国内消費の推移（1953～1975年）

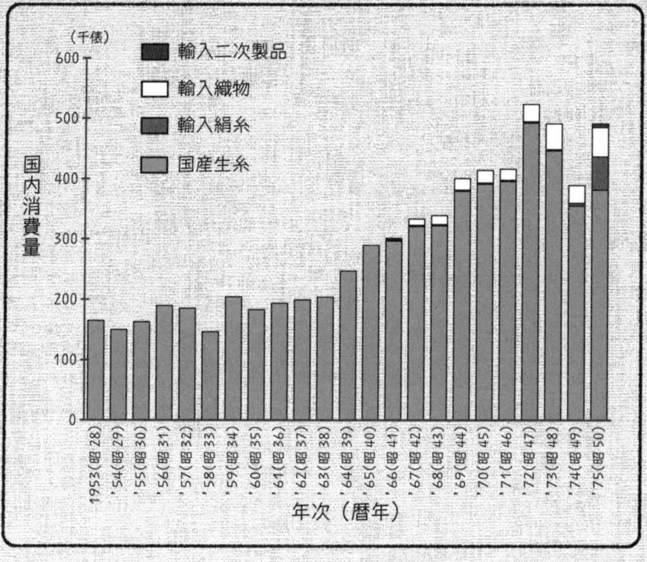

蚕糸業要覧、シルク情報より作成。

▶表7
▶表8
参照

和44）年の約36万俵ということですので、戦前の半分程度の水準にまで回復したのです。

この期間が戦後の蚕糸業の栄光の時でした。

なお、繭糸価格安定制度は、その後さらに発展し、1966（昭和41）年には、小幅な生糸価格の変動にも対応できるように、一定の基準のもとに、日本蚕糸事業団が市場に介入して、安いときに買い入れ、高いときに売り渡すことができるようになりました。養蚕・製糸経営に対するセーフティネットが強化されたのです。

表7　戦後における養蚕関係指標の推移

年次	養蚕農家戸数（千戸）	桑園面積（千 ha）	収繭量（千 t）
1946（昭 21）	876	185	68
1947（昭 22）	820	171	53
1948（昭 23）	827	…	64
1949（昭 24）	814	172	62
1950（昭 25）	835	175	80
1951（昭 26）	830	177	93
1952（昭 27）	797	172	103
1953（昭 28）	810	174	93
1954（昭 29）	809	181	100
1955（昭 30）	809	187	114
1956（昭 31）	790	191	108
1957（昭 32）	764	192	119
1958（昭 33）	729	189	117
1959（昭 34）	675	169	111
1960（昭 35）	646	166	111
1961（昭 36）	629	163	115
1962（昭 37）	597	162	109
1963（昭 38）	584	161	111
1964（昭 39）	551	164	112
1965（昭 40）	514	164	196
1966（昭 41）	478	162	105
1967（昭 42）	467	161	114
1968（昭 43）	455	162	121
1969（昭 44）	424	163	114
1970（昭 45）	399	163	112
1971（昭 46）	373	166	108
1972（昭 47）	330	164	105
1973（昭 48）	305	162	108
1974（昭 49）	281	158	102
1975（昭 50）	248	151	91

出典：蚕糸業要覧

表8　戦後における生糸輸出量と生糸関係産品輸出額の推移

年次	生糸生産量	生糸輸出量	繭糸類輸出価額	絹織物・絹製品輸出額	輸出品総価額	繭糸類比率	絹織物・絹製品比率
	(千俵)	(千俵)	(万円)	(万円)	(万円)	(%)	(%)
1946（昭21）	94	86	79,518	1,682	226,041	35	1
1947（昭22）	120	17	71,080	60,746	1,014,800	7	6
1948（昭23）	144	80	830,006	410,197	5,202,210	16	8
1949（昭24）	175	49	653,738	597,828	16,984,105	4	4
1950（昭25）	177	95	1,471,641	1,293,507	29,802,105	5	4
1951（昭26）	215	68	1,615,119	1,103,230	48,877,678	3	2
1952（昭27）	257	70	1,694,549	1,031,164	45,824,320	4	2
1953（昭28）	251	63	1,677,891	703,981	45,894,341	4	2
1954（昭29）	258	76	1,807,591	1,006,499	58,652,503	3	2
1955（昭30）	289	87	1,956,025	1,265,193	72,381,598	3	2
1956（昭31）	311	75	1,748,093	1,362,077	90,022,901	2	2
1957（昭32）	315	74	1,753,212	1,473,222	102,888,664	2	1
1958（昭33）	124	47	967,798	1,846,902	103,556,169	1	2
1959（昭34）	319	90	1,760,186	2,363,515	124,433,720	1	2
1960（昭35）	301	88	2,077,371	2,393,254	145,963,316	1	2
1961（昭36）	311	70	2,009,334	1,571,847	152,481,458	1	1
1962（昭37）	332	77	2,314,919	2,056,315	176,981,727	1	1
1963（昭38）	301	58	2,016,540	2,092,406	196,276,174	1	1
1964（昭39）	324	37	1,241,495	2,110,039	240,234,886	1	1
1965（昭40）	318	17	733,261	1,617,953	304,262,720	0	1
1966（昭41）	312	9	526,914	1,468,112	351,950,070	0	0
1967（昭42）	315	4	323,858	1,268,122	375,896,602	0	0
1968（昭43）	346	9	560,678	1,244,006	466,979,859	0	0
1969（昭44）	359	3	310,051	1,429,271	575,640,516	0	0
1970（昭45）	342	1	302,395	1,045,300	695,436,716	0	0
1971（昭46）	328	1	188,845	785,582	839,276,826	0	0
1972（昭47）	319	0	149,361	620,414	880,607,225	0	0
1973（昭48）	322	0	291,587	680,939	1,003,142,686	0	0
1974（昭49）	316	1	296,051	676,462	1,620,787,958	0	0
1975（昭50）	336	–	162,813	770,926	1,654,431,372	0	0

出典：蚕糸業要覧

他の繊維・外国産生糸との戦い

～ 輸出国から輸入国への転換 ～

高度経済成長の負の局面

しかし、生糸需要が増大した反面、大きな変化が忍び寄ってきていました。外国産生糸の輸入の増加です。1964（昭和39）年には、韓国、北朝鮮から、1965（昭和40）年からは中国も加わって、輸入が行われるようになりました。そして、それ以降、ベトナム、ブラジルなどからも輸入されるようになり、輸入量は増加の一途をたどりました。

高度経済成長は、蚕糸業にとって両刃の刃でした。所得の増加によりきものの需要の増加を通じて生糸需要の増大に寄与したことはプラス面でしたが、一方所得の増加は、マイナスにも働きました。生活の洋風化を促進し、椅子とテーブルの生活やマイカーを一般化させたことによって、きもの需要の基盤を掘り崩し始めたのです。洋間が増えると、きもので立ったり、しゃがんだりということにはなりませんし、マイカーが一般化すると、車の運転になじまないということで、きものの需要増加は長続きしませんでした。生活様式の変化によって徐々にきもの離れが進行し、きもの需要が大部分を占めていた絹の需要の減退に大きく作用しました。

もう一つ大きく影響したことは賃金の上昇です。外国と日本との生産コストを比較したとき、日本の繭と生糸の生産コストは、賃金の上昇を背景に、中国、ブラジル、韓国などの大手生糸生産国より高くなっていきました。日本の生糸は高い、外国の糸が安いということで、昭和40年代になると急速に多量の外国産生糸が入ってくるようになりました。

また、高度経済成長により、日本製の他の工業産品の輸出が好調になり、常時外貨が蓄積されるようになったことも、生糸輸入を容易にする方向に働いたのでした。

内外価格差の恐ろしさ

生糸の輸入について、数字で確認してみると、1963（昭和38）年のわずか130俵（これはアメリカに輸出した生糸が日本が高値になったために、逆輸入されたもの）から始まりました。それが、1967（昭和42）年には、早くも3万俵と急増し、さらにその5年後の1972（昭和47）年には、16万9千俵までに急増したのでした。

一方、輸出はこれと正反対に激減し始め、1965（昭和40）年には1万7千俵となり、同年の輸入量5千俵を上回っていましたが、1966（昭和41）年には9千俵に減り、同年の輸入量2万俵とは完全に逆転してしまいました。その後も輸出量は減少し続け、ついに1974（昭和49）年が生糸の輸出をした最後の年になりました。

生糸については、開国後100年余にして、輸出国から輸入国に転換したわけです。日本の蚕糸業の大きな転換点でした。

▶図6参照

その最大の要因は、国内と国外における生糸の価格差、内外価格差です。織物業者としては、安く手に入る原料があればそれを使うのは当然のことです。価格差がある場合、高いものはあっという間に排除されることになります。価格差というものは、実に恐ろしいものなのです。

かつてアメリカに日本が輸出していたときと同じような現象が生じたのです。当時、アメリカの賃金の方が高いですからアメリカで生産するとコストが高い、輸入したほうが安くていい、こういうことになって日本からの輸出が伸びていたわけですが、そういう関係が今度は逆に日本にあてはまるようになりました。

しかし、かつてのアメリカと違うのは、日本の国内に、厳然として、養蚕農家や製糸業者が存在していることでした。養蚕農家や製糸業者のことを考えると、輸入生糸が安いからといって、絹織物の原料である生糸をすべて輸入に切り替えるという選択はできません。また、安い外国生糸の流入は、国内の価格水準の低下をもたらします。価格の低下は、直ちに養蚕農家や製糸業者の収入低下につながりますから、その面からみても輸入量の増加は放置できない事態でした。

図6　戦後の生糸の輸出量・輸入量の推移

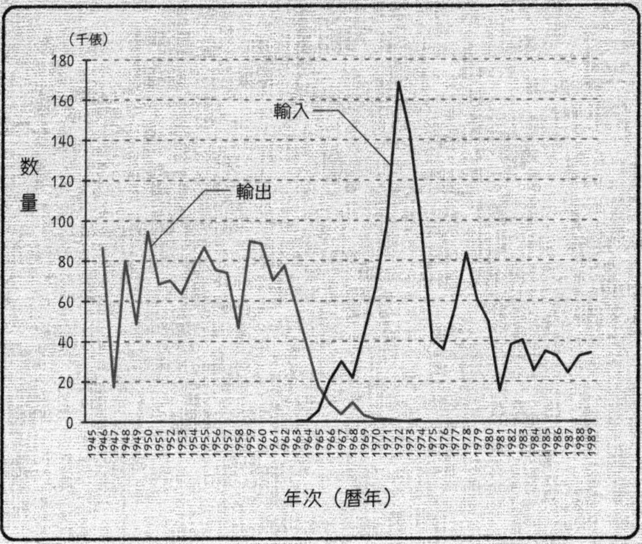

蚕糸業要覧より作成。

生糸の輸入調整措置と需要拡大努力

生糸輸入を野放しにしておくわけにはいかないという政治の強い意志が発動され、1974（昭和49）年、国会での議員立法により、生糸の一元輸入制度ができました。生糸の一元輸入制度というのは、日本蚕糸事業団だけに生糸輸入の権限を与え、織物業者は事業団からだけ外国産の生糸を買うことができるとする制度です。自由貿易に反するとして、外務省、通商産業省からは強い反対がありましたが、当時は蚕糸関係者の政治力のほうが強かったのでした。この生糸の一元輸入制度のもとで、生糸の輸入量はかなり絞られました。

しかし、一元輸入制度は、生糸を対象にするだけで、絹織物や絹製品の輸入には及びませんので、生糸の輸入は抑制されたものの、絹織物や絹製品の輸入が増加するようになりました。そうなると困ったのは、国内の絹織物業者です。原料である生糸については、外国の安いものが自由には使えない一方で、安い糸を使い、低い賃金で織られた織物や絹製品はどんどん入ってきて、絹に対する日本国内の需要が食われてしまう、という事態になったのです。

京都西陣のネクタイ業者が、国を相手取って、生糸の一元輸入制度は憲法違反だという訴訟を提起する事態も生じました。最高裁まで争われ、結局憲法違反ではないということになりますが、生糸の一元輸入制度は、蚕糸業界と織物業界との間に大きな溝をつくることになりました。

対立した繭・生糸の業界と絹織物業界でしたが、共通関心事項もありました。それは、絹の需要の増進です。全国きものの女王コンテストの開催などきものの見直し・再評価運動の推進やきもの以外の絹の需要を掘り起こすべく、洋服など新規用途への取り組みが積極的に行われました。しかし、ここでもネックになったのは、国産生糸が割高ということでした。洋服は羊毛など他の繊維がシェアを占めている世界です。絹がこれに侵食していくためには絹の良さを生かすことが重要なことは言うまでもありませんが、同時に価格競争に対応することも必要でした。きものの場合も、値段が高いという印象を払拭できず、流通価格面での対応も十分ではありませんでした。

絹の国内消費は、1972（昭和47）年にピークを迎えて以降、右肩下がりの減退の状況が続きました。減退は、今もなお続いており、2012（平成24）年では、約17万俵にまで減っています。その中で、国産生糸を原料とするものの消費が大幅に減退しているのです。

▶図7参照

絹のネクタイ

国内需要の減退と蚕糸業の大幅な後退

絹の需要が減退を続け、絹の市場が狭くなっていく中で、狭くなった市場をさらに外国によって食われていった、というのが1980（昭和55）年以降の蚕糸業に関する基本的構図でした。

▶図7参照

図7を見ていただければ、全体のシルクの消費量が減っていること、その中で外国からの輸入品(絹織物、加工された二次製品など)が増え、国産生糸の消費量が激減していることが分かります。

養蚕農家の所得確保、製糸業者の操業の継続のために、繭糸価格安定制度を何度も発動し、日本蚕糸事業団（その後名称等について変遷がある）が生糸を買い入れて生糸の価格の安定を図ってきました。しかし、輸入生糸の低い価格の影響を受けて、国内価格が長期低落傾向をたどっているため、1981（昭和56）年から、何回にもわたって事業団による生糸の買い入れの基準価格を引き下げざるを得ませんでした。このため、国内で流通する生糸の価格は下がり、養蚕農家の収入が減るとともに、製糸経営の採算は悪化しました。養蚕・製糸の関係者も努力したのですが、価格の低下に生産の合理化が追いつかず、養蚕や製糸からの撤退が相次ぎました。

結局、生糸の一元輸入制度は、1994（平成6）年に廃止され、輸入に対する調整措置としては、輸入糸から一定額の

図7　絹の国内消費の推移（1976～2012年）

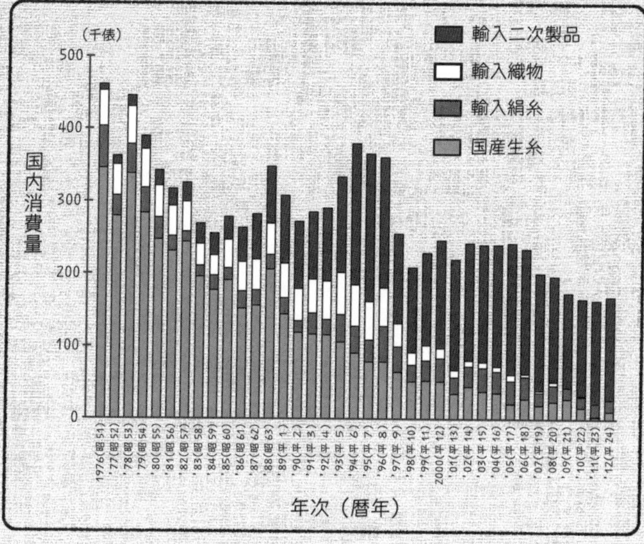

蚕糸業要覧、シルク情報、シルクレポートより作成。

調整金を徴収する制度がとられることになり、調整金を原資として、養蚕農家に直接繭生産費に対する助成を行う制度がつくられました。

また、1997（平成9）年には、価格低落のときに事業団が生糸を買い入れて価格維持を図るという繭糸価格安定制度が、生糸価格の長期低落傾向のもとで存続困難となり、廃止されました。一方、政府資金も加えて繭生産に対する助成措置を強化しましたが、内外価格差は極めて大きく、蚕糸業の衰退に歯止めはかかりませんでした。

1990（平成2）年に52,000戸、2000（平成12）年に

3,000戸あった養蚕農家は、2013（平成25）年には500戸を割るに至っています。高齢などで引退した養蚕農家が出る一方で、新たに参入する者が極めて少ないからです。今や消滅の危機に直面しているといわざるを得ない状況になっています。

▶表9参照

なお、輸入糸に対する調整金制度は、2008（平成20）年に廃止され、生糸は市場価格で輸入されるようになりました。

最近の養蚕風景

最近の製糸風景（自動繰糸機）

表9　昭和51年以降の繭・生糸生産量

年次	収繭量（千t）	生糸（千俵）
1976（昭51）	88	299
1977（昭52）	79	268
1978（昭53）	78	266
1979（昭54）	81	266
1980（昭55）	73	269
1981（昭56）	65	247
1982（昭57）	63	217
1983（昭58）	61	208
1984（昭59）	50	180
1985（昭60）	47	160
1986（昭61）	41	139
1987（昭62）	35	131
1988（昭63）	30	114
1989（平 元）	27	101
1990（平 2）	25	95
1991（平 3）	21	92
1992（平 4）	16	85
1993（平 5）	11	71
1994（平 6）	8	65
1995（平 7）	5.3	53
1996（平 8）	3	43
1997（平 9）	2.5	32
1998（平10）	1.9	18
1999（平11）	1.5	11
2000（平12）	1.2	9.3
2001（平13）	1	7.2
2002（平14）	0.9	6.5
2003（平15）	0.8	4.8
2004（平16）	0.7	4.4
2005（平17）	0.6	2.5
2006（平18）	0.5	2
2007（平19）	0.4	1.8
2008（平20）	0.4	1.6
2009（平21）	0.3	1.2
2010（平22）	0.3	0.9
2011（平23）	0.2	0.7
2012（平24）	0.2	0.5
2013（平25）	0.2	0.4

出典：蚕糸業要覧、シルクレポート

現在の蚕糸の状況と今後の方向

今日の状況

日本の絹の総消費量は、減ったとはいえ、生糸に換算すると、2012（平成24）年で約17万俵分あります。しかし、それに対する国産の生糸の供給量は、わずかに約500俵と極めて少なくなっています。したがって、全体消費量の約0.3%を占めているにすぎません。また、日本の織物業者が原料として使用している糸の量は約2万

純国産のきもの

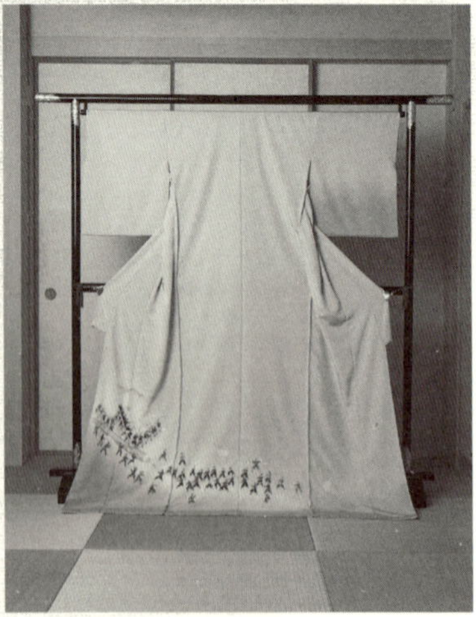

6千俵ですので、絹織物について日本の生糸の占める割合は、約2%ということになります。企業としての製糸業者も4社だけになりました。このように、絹の大部分は輸入で賄われているのです。輸入されている絹の形はさまざまです。生糸で輸入され織物になって国内市場に出るケース、白地の織物として輸入されたものが染められて市場に出るケース、ネクタイのように最終製品の形で輸入され市場に出るケースなどがあります。日本のきものはすべて日本製だと思われている方が多いのですが、実際は、日本の繭が少なくなったため、染めや織りは日本であっても、原料の繭・生糸は、その大部分が中国産のものなのです。

いずれにしても、国産の生糸が価格競争で中国などに勝てないことはこれまでの経験で明白です。ようやくアベノミクスといわれる経済政策の成果か、かつての1ドル80円から100円程度ということになったので、ごく最近では中国糸との価格差は従来より縮まって3倍程度ということになってきてはいますが、原料段階での3倍の開きは極めて大きく、製品段階での競争でも勝つことができないのが実情です。

純国産絹製品で勝負

日本の生糸は、望んだことでは決してありませんが、極めて希少になってしまい、結果として「希少価値」

が生まれました。

一方、日本の絹に関連する技術は、繭、生糸だけではなく、染め、織り、デザインの面などで、優れています。これらの分野については、まだ中国も追いついていません。したがって、現在の蚕糸政策の基本的な考え方は、国産の生糸の希少価値をベースにして、優れたそれぞれの技術の総合力で純国産で高品質の絹製品を作ること、そしてそれが多少値段は高くてもいいものはいいと思っていただける方に評価され買っていただいて、その売上げ代金で各段階の生産コストを償っていく、――こういうサイクルを成り立たせることで何とか日本の蚕糸業として生きていこうというものです。これが生糸の内外価格差が大きいという事情の下での唯一の生き残り策といえましょう。

このため純国産の絹製品を作る、繭・生糸・染め・織りなどの関係者がグループを結成し活動をすることについて、現在、大日本蚕糸会からいろいろな支援策が講じられています。

幸い、多くの人々の参加を得て、純国産絹製品作りに取り組むグループは、現在56あります。

純国産絹マーク

ある絹製品が、大日本蚕糸会に設置されている純国産絹マーク審査会で「純国産絹製品」という認証を受けますと、「純国産絹マーク」（カバーのそで参照）を使用して販売することができるようになります。「純国産絹マーク」の下部には、繭を作ったのは誰、糸にしたのは誰、織ったのは誰、染めたのは誰ということを明記した「生産履歴」というものを記載することになっています。それを見るとどこの誰が作ったか分からないというのではなくて、その製品の生産工程のすべてについて、誰がそれを担当したのか表示されるということになっていますので、安心して買うことができるわけです。

「純国産絹マーク」を付けて販売することが認められた190の企業・商店（販売企業・商店なので、製品を作るグループ56より多くなっています。）の名称と「純国産絹マーク」の対象となった絹製品は、表10「純国産絹マーク使用許諾者及び絹製品名一覧」の通りです。きものにする反物や帯などの和装品だけでなく、ネクタイ、マフラーなどの洋装品、ふとんなどの寝具寝装品に至るまで幅広く絹製品が作られていることがお分かりになると思います。

製品開発は常に行われており、純国産絹製品の多様化が進んでいます。

▶表10参照

純国産のスカーフ

表10　純国産絹マーク使用許諾者及び絹製品名一覧

平成26年5月23日現在

表示者 登録 番号	企業名	所　在　地	主な絹製品名
001	(株)千總	京都市中京区	後染反物（振袖、訪問着、付下、色無地、留袖、 黒留袖、喪服）、胴裏
002	(株)織匠田歌	京都市上京区	先染反物、後染帯地
004	(株)丸上	東京都中央区	後染反物（色無地、小紋、付下、黒紋付）、 後染帯地
005	(株)坂本屋	茨城県土浦市	後染反物（色無地）、胴裏（灰汁浸け加工）
006	(有)平原	福島県白河市	後染反物（色無地、黒紋付）
007	(株)信盛堂	東京都清瀬市	後染反物（色無地、黒紋付）
008	(株)きものアイ	新潟県十日町市	後染反物（色無地）
009	(株)上庵	岩手県北上市	後染反物（色無地、黒紋付）
010	(有)樹（いづき）	秋田県横手市	後染反物（色無地、黒紋付）
011	(株)銀座もとじ	東京都中央区	後染反物（作家作品）、後染帯地、 先染反物（大島紬、結城紬、御召、作家作品）、 先染帯地（織九寸帯、織角帯、作家作品）など
012	河瀬満織物(株)	京都市上京区	先染帯地
013	(有)織匠小平	京都市北区	先染帯地
015	(株)結華	静岡県清水町	後染反物（色無地、黒紋付）
016	(株)絹回廊	東京都中央区	後染反物（色無地）
017	(有)琴路屋	岩手県釜石市	後染反物（色無地、黒紋付）
018	(有)大善屋呉服店	福島県 会津若松市	後染反物（色無地、黒紋付）、後染帯地、 白生地（表地）
019	丸善本店	福島県いわき市	後染反物（色無地、黒紋付）、白生地（表地）
020	呉服のささき	山形県天童市	後染反物（色無地、黒紋付）
021	日本蚕糸絹業開発 協同組合 (絹小沢(株))	群馬県高崎市	裏地（胴裏（ぐんま羽二重、ぐんまレピア、ぐん ま200、灰汁浸加工、トルマリン加工）、八掛、 比翼地）、 長襦袢地、後染反物（作家作品、紋付地）など
022	宮階織物(株)	京都市上京区	先染反物、後染反物
023	21世紀の絹を 考える会	京都府城陽市	後染反物（色無地、訪問着）、 先染帯地（袋帯（草木染、唐織））
024	碓氷製糸農業協同 組合	群馬県安中市	白生地、マフラー
025	丸幸織物(有)	京都府京丹後市	白生地
026	織匠 万勝	京都市中京区	先染帯地（袋帯、名古屋帯）、 先染反物（御召類）、後染反物、 先染帯地（袋帯：金銀糸が5%を超えるもの）
027	(有)織道楽塩野屋	京都市上京区	洋装品（マフラー、シャツ、ニット（ウォーマー、 腹巻、手袋、靴下））
028	(株)丸万中尾	滋賀県長浜市	後染反物（江戸小紋、小紋、付下、友禅、色無地）、 後染帯地
029	(株)むらかね	青森県八戸市	後染反物（色無地、黒紋付）
030	(株)髙島屋	東京都中央区	後染反物（振袖、七五三着物、色無地、訪問着、 黒留袖）、白生地（長襦袢地、胴裏）、 ニット（靴下）
031	(株)さが美	横浜市港南区	後染反物（黒紋付（冬用・夏用）、色無地）
032	(有)まるけい	静岡県富士市	後染反物（色無地、黒紋付）

033	（有）特選呉服専門店 後藤	青森県むつ市	後染反物（色無地、黒紋付）
034	（株）小いけ	山形県鶴岡市	後染反物（色無地、黒紋付、小紋）
035	（株）伊と幸	京都市中京区	後染反物（色無地）、白生地（表地、胴裏、帯地）、 婦人用ブラックフォーマル地
036	（株）四季のきもの おおにし	東京都杉並区	後染反物（色無地、黒紋付）、後染帯地、 白生地（表地）
037	（株）和幸	埼玉県久喜市	後染反物（色無地、黒紋付）
038	（株）桝屋高尾	京都市北区	先染帯地（袋帯）
039	（株）つるや	埼玉県川越市	後染反物（色無地、黒紋付）、白生地（表地）
040	（株）越後屋	千葉県市川市	後染反物（色無地、黒紋付）
041	（株）小倉商店	茨城県結城市	先染反物（結城紬）、先染帯地（結城紬）、 白生地（結城紬）
042	染織家柳崇	東京都世田谷区	先染反物、先染帯地
043	染織家児玉京子	沖縄県竹富町	先染反物
044	草木染工房山村	東京都八王子市	先染反物、先染帯地、ストール
045	手織りよおん	沖縄県沖縄市	先染反物、先染帯地
046	祝嶺染織研究所	沖縄県沖縄市	先染反物、先染帯地
047	（株）龍工房	東京都中央区	帯締
048	からん工房	沖縄県石垣市	先染反物（紋絽、絣）、先染帯地
049	たわた工房	沖縄県那覇市	先染反物、先染帯地
050	山音（株）	京都市中京区	後染反物（色無地（変三越、駒絽））
051	やまと（株）	京都市下京区	後染反物
053	桜井（株）	京都市北区	先染帯地
054	有栖川織物（有）	京都市上京区	先染帯地
055	太田和（株）	京都市中京区	先染反物（結城紬）、先染帯地（結城紬）
056	（株）岩田	京都市中京区	先染帯地
057	（有）神原呉服店	千葉県銚子市	後染反物（色無地、黒紋付）
058	浅山織物（株）	京都市北区	先染帯地
059	（株）やまと	東京都渋谷区	先染帯地、 先染帯地（金銀糸が 5% を超えるもの）
060	田中種（株）	大阪市中央区	後染反物（小紋（変一越、紋意匠）、黒紋付、 加賀友禅、色無地）、後染帯地（九寸名古屋帯）、 ニット（靴下、ネックウォーマー、レッグウォーマー など）
061	（株）京扇	東京都中央区	後染反物（色無地）、胴裏（パールトーン加工）
062	（株）なごみや	横浜市都筑区	後染反物（色無地、黒紋付）
063	丸池藤井（株）	京都市中京区	後染反物（色無地）、八掛
064	久保商事（株）	京都市中京区	和装小物（帯揚、半衿）
065	加賀グンゼ（株）	石川県小松市	胴裏
066	千切屋（株）	京都市中京区	後染反物（訪問着、付下）、後染帯地
067	荒川（株）	京都市下京区	和装小物（帯締、帯揚）
068	第一衣料（株）	東京都中央区	後染反物（色無地）
069	（株）紅輪	川崎市宮前区	後染反物（色無地）

070	装いの道（株）	東京都千代田区	白生地（帯地、表地）、胴裏（トルマリン加工、灰汁浸加工、ぐんま200、新小石丸）
071	（株）髙橋屋	岩手県一関市	胴裏（灰汁浸加工）
072	おお又（株）	大阪市旭区	胴裏（灰汁浸加工）、ニット（靴下）
073	（株）天野屋呉服店	栃木県小山市	胴裏（ぐんま200（灰汁浸加工））、白生地（表地）
074	（株）きもの潮見	愛媛県西条市	胴裏（パールトーン加工）
075	（株）とみひろ	山形県山形市	胴裏（酵素精練）
076	（株）細安	福井県福井市	胴裏（酵素精練）
077	京和きもの（株）	神奈川県厚木市	胴裏（酵素精練）
078	（株）まるため	長野県長野市	胴裏（トルマリン加工、パーリー加工）
079	（株）小川屋	群馬県前橋市	胴裏（トルマリン加工、灰汁浸加工）
080	（株）エムラ	山口県防府市	胴裏（酵素精練）
081	（株）荒井呉服店	東京都八王子市	胴裏（酵素精練）
082	（株）牛島屋	富山県富山市	胴裏（酵素精練）、後染反物（小紋）
083	（株）谷呉服店	福岡県筑紫野市	胴裏（酵素精練）
084	（株）登美屋	岩手県北上市	胴裏（パールトーン加工）
085	（株）川平屋	愛知県豊田市	胴裏（パールトーン加工）、後染反物（小紋（変一越、紋意匠））
086	丸専第一衣料（株）（丸専きもの）	新潟県長岡市	胴裏（パールトーン加工）
087	（株）大丸 松坂屋百貨店	東京都江東区	裏地（胴裏、比翼地（振袖用））、長襦袢地
088	西陣織工業組合	京都市上京区	マフラー、セーター、カーディガン、ショール
089	（株）あきやま	宮崎県綾町	先染反物、洋装品（ショール、マフラー）
090	藤井絞（株）	京都市中京区	後染反物（色無地）
092	（有）結城屋	兵庫県洲本市	白生地（表地）
093	（株）ウメショウ	岐阜県瑞穂市	白生地（表地）
095	（有）カシワギ	山梨県富士吉田市	寝具寝装品（冬用・夏用・合用薄絹ふとん、ブランケット）、洋装品（スーツ地、ネクタイ、服飾品（スカーフ、ストール、シャツ））
096	（株）北尾織物匠	京都市上京区	先染帯地（袋帯、名古屋帯）
097	（株）平田組紐	東京都豊島区	帯締、帯締（金銀糸が5%を超えるもの）、羽織紐（男物、女物）
098	（株）菱健	京都市中京区	後染反物（色無地）
099	西野（株）	京都市上京区	帯締、帯締（金銀糸が5%を超えるもの）
100	京商（株）	鳥取県米子市	後染反物（色無地、黒紋付）
101	（株）猪井	新潟県長岡市	後染反物（色無地）、後染帯地
102	（株）たちばな	新潟県新発田市	後染反物（色無地）、後染帯地
103	（株）丸富美	新潟県十日町市	後染反物（色無地）
104	（株）絹もの屋 まつなが	新潟県三条市	後染反物（色無地）
105	（株）山正山﨑	愛知県豊橋市	後染反物（色無地、小紋（変一越、紋意匠））
106	（有）こくぶん呉服店	福島県福島市	後染反物（色無地）
107	（株）染織近藤	岡山市北区	後染反物（色無地、小紋（変一越、紋意匠））
108	（株）宮川呉服店	北海道湧別町	後染反物（色無地、付下）
109	（株）和らいふ	札幌市中央区	後染反物（色無地）
110	（有）きものいなもと	大阪市天王寺区	後染反物（色無地）
111	（株）せきね	東京都中央区	後染反物

112	（株）西陣まいづる	京都市上京区	先染帯地（袋帯（金銀糸が5%を超えるもの）、九寸帯（金銀糸が5%を超えるもの）、絽九寸帯（金銀糸が5%を超えるもの））
113	奥順（株）	茨城県結城市	先染反物（結城紬）、先染帯地（結城紬）
114	りょうぜん天蚕の会	福島県伊達市	ショール（天蚕紬糸、天蚕ハイブリッド）
115	（有）金屋	新潟県上越市	後染反物（色無地）
116	（株）鶴屋百貨店	熊本市中央区	胴裏（酵素精練）、先染反物（結城紬）
117	黄八丈めゆ工房	東京都八丈島	先染反物（黄八丈）
118	京屋呉服店	長野県塩尻市	後染反物（色無地）
119	（資）車屋呉服店	横浜市南区	後染反物（色無地、江戸小紋）、白生地（表地）
120	宮崎（株）	茨城県結城市	先染反物（結城紬）
121	（有）内海呉服店 きもの千歳屋	東京都世田谷区	白生地（表地（色無地、訪問着））
122	長島繊維（株）	栃木県足利市	後染反物（色無地、小紋、付下、訪問着）、後染帯地
123	（株）しょう美	広島市西区	後染反物（色無地）
124	（資）治田呉服店	群馬県富岡市	後染反物（色無地）
125	（株）丸十	大阪府東大阪市	後染反物（小紋）、ニット（靴下）
126	（株）竹田嘉兵衛商店	名古屋市緑区	胴裏（酵素精練）
127	（有）樋口屋京染店	埼玉県鴻巣市	白生地（表地用（紋意匠））
128	大門屋	福井県大野市	白生地（牛首紬）、後染帯地（牛首紬）、ショール（牛首紬）
129	（株）加藤萬	東京都中央区	和装小物（帯揚、半衿）
130	（株）しゃらく	愛媛県新居浜市	後染反物（小紋）
131	（資）山中商店	名古屋市中区	後染反物（小紋）
132	きもの処あだち	大阪府藤井寺市	後染反物（小紋）
133	西川産業（株）	東京都中央区	寝具寝装品（掛布団）
134	繭工房華美	宮城県塩竈市	寝衣（長肌着、短肌着）
136	（株）和想	鳥取県鳥取市	後染反物（小紋）
137	（株）髙島屋呉服店	島根県益田市	後染反物（小紋）
138	富岡シルクブランド協議会	群馬県富岡市	ネクタイ、褌、マフラー（手織り）
139	（株）丸年呉服店	石川県金沢市	後染反物（小紋）
140	（株）染織館	徳島県徳島市	後染反物（小紋）
141	（株）京ろまん	奈良県奈良市	後染反物（小紋）、ニット（靴下）
142	五嶋（株）	東京都文京区	帯締
143	（株）わふくや	浜松市中区	長襦袢地
144	（株）布屋呉服店	静岡県富士宮市	胴裏（トルマリン加工）、後染反物（小紋（変一越））
145	（有）明石屋	東京都調布市	後染反物（色無地）、後染帯地
146	宮井（株）	京都市中京区	風呂敷
147	（株）ナカノ	大分県大分市	後染反物（小紋（変一越、紋意匠）、加賀友禅）
148	（株）芦田呉服店	京都府綾部市	後染反物（色無地、小紋（変一越、紋意匠））
149	（株）甲斐絹座	山梨県富士吉田市	ネクタイ、服飾品（スカーフ、ストール、トランクス）、パジャマ、袱紗
150	（有）さいとう呉服店	千葉県市川市	後染反物（色無地、付下）
151	（株）西松屋	兵庫県姫路市	後染反物（小紋（変一越、紋意匠））
152	（株）西尾呉服店	大阪市福島区	後染反物（小紋（変一越、紋意匠））
153	勝山織物（株）	京都市北区	先染帯地（金銀糸が5%を超えるもの）

154	(有)石川	群馬県みどり市	後染反物(型友禅、羽二重色無地)、 先染反物(ジャガード織)
155	東朋(株)	京都府与謝野町	ストール
156	那覇伝統織物事業 協同組合	沖縄県那覇市	先染反物、先染帯地、かりゆしウェア、ショール
157	(株)ふじや	福岡県朝倉市	後染反物(小紋(変一越、紋意匠))
158	きものおかだ	兵庫県香美町	後染反物(小紋)
159	(株)JS	山梨県 富士吉田市	寝具寝装品(ふとん、ふとんカバー)、 洋装品(スーツ地、コート地、スカート地、シャツ)、 服飾品(スカーフ、ストール)
160	(株)マルシバ	東京都中央区	裏地(胴裏)、和装小物(袱紗)
161	(株)みつわ	大阪府大東市	後染反物(小紋)
162	福絖織物(株)	福岡市西区	先染帯地(本袋男帯、八寸名古屋帯)
163	(株)大谷屋	新潟市中央区	白生地(表地)
164	(株)東京藤屋 (きものレディ 着付け学院)	東京都品川区	白生地(表地)
165	(株)染織こうげい	東京都中央区	白生地(表地)
166	近江真綿振興会	滋賀県米原市	寝具寝装品(布団、膝かけ)
167	(株)にしむら	兵庫県西脇市	後染反物(小紋(変一越、紋意匠))
168	(有)きものおおにし	大阪府東大阪市	後染反物(小紋(変一越、紋意匠))
169	(株)コノエ (そめの近江)	東京都豊島区	後染反物(小紋(変一越、紋意匠))、ニット(靴下)
170	(株)つたや	大阪府枚方市	後染反物(小紋(変一越、紋意匠))
171	(株)京呉服 小糸伸輔の店	熊本市東区	後染反物(小紋(変一越、紋意匠))
172	(株)マエノ	茨城県石岡市	後染反物(小紋(変一越、紋意匠))
173	(株)本きもの松葉	大阪府富田林市	後染反物(小紋(変一越、紋意匠))
174	(有)山田呉服店	長野県諏訪市	白生地(表地)
175	(株)呉服のながいけ	長崎県南島原市	後染反物(小紋(変一越、紋意匠))
176	(株)京呉服平田	福井県福井市	後染反物(小紋(変一越、紋意匠))
177	(株)布四季庵 ヨネオリ	山形県米沢市	先染反物(置賜紬)、ストール
178	奄美島絹推進協議 会	鹿児島県龍郷町	先染反物(大島紬)、先染帯地(大島紬)
179	(株)宮坂製糸所	長野県岡谷市	先染帯地(八寸名古屋帯)
180	(有)シンセイ	長野県松本市	ニット(腹巻、靴下)
181	(株)百花	横浜市中区	後染反物(小紋(変一越))
182	京呉服好一(株)	京都市北区	後染反物(小紋(変一越、紋意匠))
183	(株)パールトーン	京都市右京区	胴裏(パールトーン加工)
184	きもの専科ます井	兵庫県三木市	後染反物(小紋(変一越))
185	マテリアル ローブ　麿	東京都練馬区	後染反物(小紋(変一越))
186	(株)せんば呉服	兵庫県尼崎市	後染反物(小紋(変一越))
187	(株)三越伊勢丹	東京都新宿区	白生地(表地)
188	青山きもの(株)	東京都港区	白生地(表地)
189	ニット青木(株)	東京都品川区	ニット(スーツ・パンツ、スーツ・スカート、ジャケット、アンサンブル、インナー)
190	渡農工房	山形県山辺町	先染反物(綾御召(男物、女物))

おわりに

以上、開国してから150年の生糸の波乱万丈の歴史の流れを、駆け足ながらものがたってきました。駆け足であるがゆえに、抜けているところも多々あると存じますが、ご宥恕いただければ幸いです。

本文でも明らかにしましたが、今日本の蚕糸業は、消滅の危機に直面しています。しかし、私は、2000年の歴史を持つ日本の蚕糸業を消滅させてはならないと考えています。

本書を読んでいただいた方は、現在の日本の蚕糸業を応援するため、純国産の絹製品を是非ともお買い上げください。買っていただければ、それがめぐりめぐって、養蚕農家や製糸業の存続につながります。純国産の絹製品は、正直なところ安いものではありませんが、希少性と価値は十分あります。最近では「宝絹《たからぎぬ》」と呼ばれるようになり、愛用されています。

どうぞよろしくお願いいたします。

著者しるす

伊藤博文書「富国は養蚕に有り」（常田館所蔵）

著者プロフィール

高木　賢（たかぎ まさる）

昭和18年　8月　群馬県高崎市で出生
昭和42年　3月　東京大学法学部卒業
昭和42年　4月　農林省入省
蠶糸課長、島根県農林水産部長、構造改善局農政部長、農産園芸局長などを経て
平成10年　7月　農林水産省官房長
平成11年　7月　食糧庁長官
平成13年　1月　退官
平成13年　4月　司法修習生
平成14年10月　弁護士登録（第二東京弁護士会）
平成17年　7月　一般財団法人大日本蚕糸会会頭理事（現任。非常勤）
平成23年　4月　公立大学法人高崎経済大学理事長（現任。非常勤）
平成26年　4月　東京農業大学客員教授

日本の蚕糸のものがたり
—横浜開港後150年 波乱万丈の歴史—

2014年9月3日　第1版 第1刷発行
編　著　高木　賢
発行者　松林 久行
発行所　株式会社 大成出版社
〒156-0042　東京都世田谷区羽根木1-7-11
電話　03（3321）4131（代）
http://www.taisei-shuppan.co.jp/

印刷 信教印刷

落丁・乱丁はおとりかえいたします。
ISBN978-4-8028-3164-2